マテリアルサイエンスの基礎
熱 力 学

伊藤 公久

Thermodynamics

八千代出版

本書における熱力学変数の表記に関する注意

　材料科学の現場で実際に熱力学を用いる場合には，1モルあたりの量を用いることが多く，また便利でもある。さまざまな物質について測定・蓄積されている膨大な熱力学データも，ほとんどが1モルあたりの量として整理されている。示量性の量を大文字で，1モルあたりの量(これは示強性の量となる)を小文字で，厳密に区別している例も数多くあるが，データ集では，大文字の記号が用いられていることも考えて，1〜4章では，体積Vとモル体積vを区別して用いる以外は，とくに断りのない限り，U, S, H, F, Gなど，大文字の記号は1モルあたりの量を表わす。Appendixにおいては，示強性と示量性の性質を用いて，熱力学関係式を導く必要があったために，これらの大文字の記号は，1モルあたりの量ではなく，示量性変数を表わしている。

まえがき

　熱力学は膨大な粒子の集合体と考えられているさまざまな系を記述するにあたって，できる限り少数の変数を用いて記述しようとする学問である．帰納的方法によって得られた法則をもとにして，われわれが知覚しうる現象のほとんどすべてを説明できる熱力学の効用には驚くべきものがある．物質や材料を対象としたマテリアルサイエンスにおいても，熱力学は重要な基礎科目の1つとして位置づけられているが，抽象的な概念が多く，実体感が乏しいために理解が難しい科目と思われがちである．これは多くの場合，一般的な法則から出発して個々の事例を理解するという学習がとられるためであると考えられる．本書はマテリアルサイエンスにおける熱力学の実用を主眼に置いて書かれたものであり，物質の熱的性質，相変化，化学反応などについて，具体的に問題を解く方法とその考え方が主たる内容となっている．個々の事例に取り組むことを通して実体感を養い，熱力学の効用を理解して行く方が自然であると考えたからである．このため，熱力学の諸法則および重要な熱力学関数の説明はAppendixにまとめた．読者は，必要に応じてAppendixを参照または通読していただきたい．

　マテリアルサイエンスでは，あるときにはわれわれの日常的スケールで，またあるときには分子・原子のスケールで，さまざまな物質や材料を観察し考察することが日常となっている．しかし，ものの見方が十分に定まらないうちに視点を変えることは必ずしも対象の正確な理解にはつながらない．したがって，本書では安易に分子・原子モデルを使って熱力学の法則を説明することを避け，統計力学を用いた解説は極力他書にゆずることとした．例題もこの点を配慮して作成したが，題材の選択は系統的というよりはむしろ思いつき的である．これは熱力学が実用的であることを示すためでもある．

本書を完成することができたのは，多くの方々のご指導とご助力によるものである。とくに恩師である東京大学名誉教授佐野信雄先生には，熱力学の奥深さを教えていただいた。また，早稲田大学名誉教授加藤榮一先生には，材料科学における熱力学教育に関して多くの御教示をいただいた。両先生の学恩に深く感謝を捧げたい。また，筆者を常に励ましてくださる，早稲田大学教授北田韶彦先生に心から感謝したい。北田先生との親交が，本書の執筆に大きな力をあたえてくれたことを，とくに記しておきたい。最後に，出版にあたってお世話をいただいた，八千代出版株式会社の中澤修一さん，山竹伸二さんに，また，本書の図面作成を担当した早稲田大学大学院学生の林省二君に，この場を借りて感謝したい。

　　2000年1月　　　　　　　　　　　　　　　　　　　　　　伊藤　公久

目　次

まえがき

第1章　純物質の熱力学 ———————————————— 1

1　状態方程式　*1*
- 1　理想気体　*1*
- 2　実在気体　*3*
- 3　体膨張率と等温圧縮率　*4*

2　エンタルピーと比熱　*5*
- 1　比熱の定義　*5*
- 2　気体の比熱　*6*
- 3　液体・固体の比熱　*7*
- 4　膨張と圧縮　*8*
- 5　エンタルピー，エントロピーの計算　*11*

3　相平衡と状態図　*13*
- 1　相平衡の条件　*13*
- 2　相変態　*13*
- 3　純粋物質の状態図　*16*
- 4　臨界点と相応状態原理　*18*

第2章　溶液・固溶体の熱力学 ─────────── 23

1　相律と状態図　23
1. デュエムの定理　23
2. ギブスの相律　24
3. 多成分系の状態図　26

2　フガシティーと活量　28
1. 気体の化学ポテンシャル　28
2. フガシティー　29
3. 活　量　30

3　溶液と固溶体　31
1. 溶液・固溶体の化学ポテンシャル　31
2. ラウールの法則とヘンリーの法則　34
3. 理想溶液と正則溶液　37
4. 実在溶液　39
5. 溶液・固溶体の安定性　42

第3章　化学平衡 ─────────────── 45

1　反応熱と自由エネルギー変化　45
1. 化学反応式　45
2. 反　応　熱　46
3. 反応のギブス自由エネルギー変化　49

2　化学平衡　51
1. 化学平衡の概念　51

  2 平衡定数　*54*
  3 化学平衡の計算　*55*
 3 化学ポテンシャル状態図　*59*
  1 エリンガム図　*59*
  2 化学ポテンシャル状態図の作り方　*62*

第4章　界面・表面の熱力学 ―― *65*

1 界面の熱力学的性質　*65*
 1 ギブスの区分界面　*65*
 2 表面張力　*67*
 3 ラプラスの式　*70*
 4 ギブスの吸着式　*71*

2 異相形成の熱力学　*75*
 1 曲率を持った相の化学ポテンシャル　*75*
 2 均質核生成理論　*76*

Appendix　熱力学の諸法則 ―― *81*

1 系と熱平衡　*81*
2 熱力学第0法則　*82*
3 熱力学第1法則　*83*
4 熱力学第2法則　*86*
5 カルノーサイクル　*88*
6 自由エネルギー　*90*
7 ルジャンドル変換　*93*

8 部分モル量と化学ポテンシャル　*96*

データ集　*101*

索　引　*111*

第1章

純物質の熱力学

本章では,純物質,すなわち化学的に1種類の成分からなる系の,有用な熱力学的性質を中心に解説する。

1 状態方程式

1 理想気体

物質の熱力学的状態を記述するものとして,純粋流体に対して状態方程式 (equation of state) が存在することが示される[1]。

$$T = g(P, v) \tag{1-1}$$

ここで T は絶対温度,P は圧力,v はモル体積 (molar volume) である。g の関数形は物質によって異なるが,理想気体 (ideal gas) と呼ばれる気体は,次の状態方程式に従う。

$$Pv = RT \tag{1-2}$$

ここで R はガス定数 (gas constant) であり,P の単位を Pa,v の単位を $\mathrm{m^3 mol^{-1}}$ とすると,$R = 8.3145 [\mathrm{J mol^{-1} K^{-1}}]$ となる。また,n モルの理想気体の体積を V とすれば,

---
[1] Appendix 2 参照。

$$PV = nRT \tag{1-3}$$

と表わされる。理想気体の内部エネルギー U (internal energy) は，温度 T のみの関数である。

例題 1-1 1 atm，0℃の理想気体1モルの体積を求めよ。

[解答] (1-3) 式に必要な数値を代入すると，$1\,\text{atm} = 1.0133 \times 10^5[\text{Pa}]$ なので，

$$1.0133 \times 10^5[\text{Pa}]v[\text{m}^3\text{mol}^{-1}] = 8.3145[\text{Jmol}^{-1}\text{K}^{-1}] \times 273.15[\text{K}]$$

これを解いて，$v = 2.2413 \times 10^{-2}[\text{m}^3\text{mol}^{-1}] = 22.413[l\,\text{mol}^{-1}]$

c 種類の成分からなる混合理想気体についても (1-3) 式は成立するが，このとき i 成分のモル数を n_i とすると，$n = \sum_{i=1}^{c} n_i$ である。また，i 成分に着目すると

$$P_i V = n_i RT \tag{1-4}$$

が成り立つ。ここで P_i は分圧 (partial pressure) と呼ばれ，

$$P_i = \frac{n_i}{n} P = x_i P \tag{1-5}$$

で与えられる。ここで，x_i をモル分率といい，

$$x_i = \frac{n_i}{n} \tag{1-6}$$

$$\sum_{i=1}^{c} x_i = 1 \tag{1-7}$$

である。

成分の分圧の総和は，次式で求められ，

$$\sum_{i=1}^{c} P_i = \sum_{i=1}^{c} x_i P = P \tag{1-8}$$

となることから，混合気体の P を全圧 (total pressure) という。

一方，全圧 P の下での i 成分の体積 V_i を用いると，

$$PV_i = n_i RT \tag{1-9}$$

$$V_i = \frac{n_i}{n}V = x_i V \tag{1-10}$$

したがって，理想気体成分の体積濃度 $\frac{V_i}{V}$ は，モル分率 x_i に等しい。

空気の近似的な組成が体積濃度で，N_2 : 79 %，O_2 : 21 % と，与えられたとき，N_2 と O_2 のモル分率は，それぞれ，0.79, 0.21 と計算される。もし，全圧が 1 atm ならば，窒素分圧 $P_{N_2} = 0.79 \mathrm{atm}$，酸素分圧 $P_{O_2} = 0.21 \mathrm{atm}$ となる。

2 実在気体

実在気体は，高温または低圧では理想気体に近づくが，通常の温度と圧力では，理想気体としてふるまうとは限らない。そこで，実在気体を記述するいくつかの状態方程式が提案されている。

理想気体の状態方程式をモル密度 (モル体積の逆数) のべき上に展開すると，次の展開式が得られる

$$Pv = RT\left(1 + \frac{B}{v} + \frac{C}{v^2} + \frac{D}{v^3} + \cdots\right) \tag{1-11}$$

これをビリアル展開と呼び，B，C，$\cdots$ を第2，第3ビリアル係数という。

ファン・デア・ワールス (Van der Waals) の状態方程式は，実在気体の経験的近似式として用いられている

$$P = \frac{RT}{v-b} - \frac{a}{v^2} \tag{1-12}$$

しかしこの方程式は精密な数値計算には一般に不向きであり，たとえば次のレードリッヒ・コン (Redlich-Kwong) 方程式が用いられている[2]。

---

[2] 実在気体の物性値計算の詳細については，R. C. Reid *et al.*, *The Properties of Gases and Liquids*, McGraw-Hill, 1977 などを参照のこと。

$$P = \frac{RT}{v-b} - \frac{a}{T^{\frac{1}{2}}v(v+b)} \tag{1-13}$$

上のいずれの式のパラメータも，気体の種類 (混合気体の場合には組成) に依存する。

3 体膨張率と等温圧縮率

純物質のモル体積 v は，状態方程式 (1-1) によって，温度と圧力の関数 $v(P,T)$ として表わすことができる。

ここで，モル体積を T と P とで全微分すると，

$$dv = \left(\frac{\partial v}{\partial T}\right)_P dT + \left(\frac{\partial v}{\partial P}\right)_T dP \tag{1-14}$$

この式に現われる偏微分係数は，次の2つの状態量と直接結びついている。

体膨張率 (volume expansivity)

$$\beta \equiv \frac{1}{v}\left(\frac{\partial v}{\partial T}\right)_P \tag{1-15}$$

は，一定圧力下で物質の体積が温度によって変化する割合であり，

等温圧縮率 (isothermal compressibility)

$$\kappa \equiv -\frac{1}{v}\left(\frac{\partial v}{\partial P}\right)_T \tag{1-16}$$

は，等温下で，物質の体積が圧力によって変化する割合である。これらを (1-14) 式に代入して，

$$\frac{dv}{v} = \beta dT - \kappa dP \tag{1-17}$$

を得る。

例題 1-2　理想気体の体膨張率と等温圧縮率を求めよ。

［解答］　$Pv = RT$ を (1-15) 式と (1-16) 式に代入すると，

$$\beta = \frac{1}{v}\left(\frac{\partial \frac{RT}{P}}{\partial T}\right)_P = \frac{R}{Pv} = \frac{1}{T} \tag{1-18}$$

$$\kappa = -\frac{1}{v}\left(\frac{\partial \frac{RT}{P}}{\partial P}\right)_T = \frac{RT}{P^2 v} = \frac{1}{P} \tag{1-19}$$

体膨張率は $\frac{1}{T}$，等温圧縮率は $\frac{1}{P}$ に等しいことがわかる．これを (1-17) 式に代入すれば，

$$\frac{dv}{v} = \frac{dT}{T} - \frac{dP}{P} \tag{1-20}$$

となる．右辺第 1 項は，理想気体の体積が絶対温度に比例するというシャルル (Charles) の法則，第 2 項は圧力に反比例するというボイル (Boyle) の法則を表わしている．

β と κ の値はデータ集によって知ることができるので，凝縮相の物質では，(1-17) 式を状態方程式の代わりに用いることができる．気体の状態方程式のような，簡単な形にはならないが，ある基準状態 $v_0(T_0, P_0)$ がわかっているときには，(1-17) 式の両辺を積分してやればよい．

$$\ln \frac{v}{v_0} = \int_{T_0}^{T} \beta dT - \int_{P_0}^{P} \kappa dP \tag{1-21}$$

v は状態変数であるので，積分経路に依存しない．したがって，右辺の積分経路は自由に選ぶことができる．この積分を実行することによって，求めようとする状態の物質の体積を計算することが可能になる．なお，ln は，自然対数である．

2 エンタルピーと比熱

1 比熱の定義

ある物質の温度を 1 K 上昇させるために系に加える熱量を熱容量と呼び，

その単位質量あたりの値を比熱 (heat capacity) という。通常 1 モルあたりの値を用いる[3]。比熱は通常の系では正である[4]。

系に流入する熱量 δq は，熱力学第 1 法則より，$\delta q = dU + Pdv$ で与えられるので，等積変化 ($dv = 0$) では $\delta q = dU$ である。すなわち，流入する熱量は内部エネルギーの変化に等しい。したがって，定積比熱 C_v は，以下の式で定義される。

$$C_v \equiv \left(\frac{\partial U}{\partial T}\right)_v = T\left(\frac{\partial S}{\partial T}\right)_v \qquad (1\text{-}22)$$

一方，等圧変化では，圧力に抗して体積変化する分の仕事が加味されているので，熱量 δq は，$H \equiv U + PV$ で定義されるエンタルピー (enthalpy) の変化 dH に等しい。したがって定圧比熱 C_P は，次の式で定義される。

$$C_P \equiv \left(\frac{\partial H}{\partial T}\right)_P = T\left(\frac{\partial S}{\partial T}\right)_P \qquad (1\text{-}23)$$

ある物質の定積比熱と定圧比熱の間には，次の関係式が成り立つことが証明されている[5]。

$$C_P - C_v = T\left[\left(\frac{\partial S}{\partial T}\right)_P - \left(\frac{\partial S}{\partial T}\right)_v\right] = \frac{\beta^2 vT}{\kappa} \qquad (1\text{-}24)$$

2 気体の比熱

(1-24) 式に，理想気体の状態方程式 $Pv = RT$ を，また，例題 1-2 から，$\beta = \frac{1}{T}$, $\kappa = \frac{1}{P}$ を代入すると，

$$C_P - C_v = \frac{PvT}{T^2} = R \qquad (1\text{-}25)$$

が得られる。すなわち，理想気体の定圧比熱は定積比熱よりも R だけ大きい。(1-25) 式の関係をマイヤー (Mayer) の関係式と呼ぶ。気体分子運動論の立場

---
[3] モル比熱ということもある。
[4] 絶対零度に近づくと，C_v, C_P ともに，0 に近づくことが熱力学第 3 法則 (p. 48 参照) を用いて示されている。
[5] 参考図書 [1], p.107。

から，気体分子間に相互作用を持たない気体であると定義される理想気体の定積比熱 C_v は，

単原子分子では
$$\frac{3}{2}R$$
2原子分子では
$$\frac{5}{2}R$$
多原子分子では
$$3R$$

と，求められている。

実在気体については，1 atm 下における定圧比熱 C_P の値が温度の関数として，データ集にまとめられている。そのいくつかを付表2に示した。

3 液体・固体の比熱

多くの液体・固体に関しても，1 atm 下における定圧比熱 C_P の値がデータ集にまとめられている。これらの比熱のデータは，熱量計を用いた直接測定や，計算[6]によって求められたものである。多くの場合，以下に示すような温度 T の関数として整理されている。

$$C_P = a + bT + cT^2$$

または

$$C_P = a + bT + cT^{-2}$$

ここで，a, b, c は，それぞれ定数である。
いくつかの物質の定圧比熱を付表2に示した。

---

[6] 統計力学を用いた計算も含める。

例題 1-3 1000K における，Al，Cu，Fe の 1 モルあたりと 1 g あたりの定圧比熱を計算せよ。

[解答] 付表 1 の周期律表より各々の物質の原子量は，Al (27.0)，Cu (63.5)，Fe (55.8) なので，付表 2 から 1000K における各物質の定圧比熱を読み取ると，次のようになる。

$$C_P(\mathrm{Al}_{(l)}) = 29.3 [\mathrm{Jmol^{-1}K^{-1}}]$$

$$C_P(\mathrm{Cu}_{(s)}) = 22.64 + 6.28 \times 10^{-3} T = 28.92 [\mathrm{Jmol^{-1}K^{-1}}]$$

$$C_P(\mathrm{Fe}_{(\alpha)}) = 17.49 + 24.77 \times 10^{-3} T = 42.26 [\mathrm{Jmol^{-1}K^{-1}}]$$

1 g あたりの値は，原子量で割って，Al：1.09，Cu：0.455，Fe：0.757 $[\mathrm{Jg^{-1}K^{-1}}]$ となる。

4 膨張と圧縮

1 モルの理想気体の断熱変化を考えよう。

熱力学第 1 法則より，$\delta q = dU + Pdv$，また $\delta q = 0$，$dU = C_v dT$ であるから，

$$dU + Pdv = C_v dT + Pdv = 0 \tag{1-26}$$

$Pv = RT$ より

$$C_v \left(\frac{dT}{T}\right) + R \left(\frac{dv}{v}\right) = 0 \tag{1-27}$$

積分すると，

$$C_v \ln T + R \ln v = \mathrm{const.} \tag{1-28}$$

マイヤーの関係を代入し，$\frac{C_P}{C_v} = \gamma$ とおいて整理すると，

$$\left(T^{C_v} v^{C_P - C_v}\right)^{\frac{1}{C_v}} = T v^{\gamma - 1} = \mathrm{const.} \tag{1-29}$$

または，

$$Pv^\gamma = \text{const.} \tag{1-30}$$

これをポアッソン (Poisson) の式という[7]。

したがって状態1から状態2への理想気体の断熱 (adiabatic) 変化においては，

$$\frac{T_2}{T_1} = \left(\frac{V_1}{V_2}\right)^{\gamma-1} \tag{1-31}$$

$$\frac{P_2}{P_1} = \left(\frac{V_1}{V_2}\right)^{\gamma} \tag{1-32}$$

$$\frac{T_2}{T_1} = \left(\frac{P_2}{P_1}\right)^{\frac{\gamma-1}{\gamma}} \tag{1-33}$$

の関係がある。ここで $\gamma - 1 > 0$ であるから，断熱膨張 $V_1 \to V_2$ ($V_2 > V_1$) のとき，(1-31) 式より $T_2 < T_1$ となる。すなわち，断熱膨張によって温度は下がる。理想気体の内部エネルギーは温度のみの関数であるから，断熱膨張に伴って内部エネルギーは減少する。これは，断熱膨張によって気体が外部に仕事をしたことを意味している。反対に断熱圧縮 ($V_2 < V_1$) のときは，外部から気体に仕事が加えられ，気体の温度は上昇する。

例題 1-4 空気を2原子分子の理想気体と考え，25℃，1 atm の空気を，① 0.5 atm まで断熱膨張させた場合，② 10 atm まで断熱圧縮させた場合の温度を計算せよ。

[解答] 2原子分子理想気体の比熱比は，$C_v = \frac{5}{2}R$, $C_P = C_v + R$ より，$\gamma = 1.4$ である。したがって，$\frac{\gamma-1}{\gamma} = 0.286$。(1-33) 式を用いれば，

① 断熱膨張の場合

$$\left(\frac{T}{298.15}\right) = \left(\frac{0.5}{1.0}\right)^{0.286}$$

---

[7] モル体積 v を体積 V にかえても，成り立つ。

これを計算して，$T = 244.5\text{K}$，約 $-28.6\,°\text{C}$ になる。たとえば，地表の空気が 0.5atm となる上空で断熱膨張すると，その温度は数十度低下すると考えられる。このとき空気中に含まれていた水蒸気が凝縮 (condensation) することがわかるであろう。

② 断熱圧縮の場合

$$\left(\frac{T}{298.15}\right) = \left(\frac{10.0}{1.0}\right)^{0.286}$$

これを計算して，$T = 576.0\text{K}$，約 $303\,°\text{C}$ になる。燃料と空気の混合ガスを $20 \sim 30$ 倍に圧縮して燃焼させるディーゼルエンジンはこの原理を用いている。

ここで，圧縮と関連した物性値として，音速 (sonic velocity) について解説しておこう。ある物質の音速 c は，次式で与えられる。

$$c = \sqrt{\left(\frac{\partial P}{\partial \rho}\right)_{ad}} = \sqrt{\frac{\gamma v}{M \kappa}} \tag{1-34}$$

ここで ρ は密度 (単位体積あたりの質量) であり，添え字 ad は断熱条件[8]での微分を表わす。また，M は分子量である。(1 - 34) 式より，音速は比熱比 γ[9]，モル体積 v，等温圧縮率 κ から求めることができる。

理想気体では $\kappa = \frac{1}{P}$ と $Pv = RT$ を用いて，

$$c = \sqrt{\frac{\gamma RT}{M}} \tag{1-35}$$

が得られる。液体や固体の場合には，$\gamma = 1$ と近似できるので，v と κ がわかれば，音速を計算することができる。

例題 1-5 $20\,°\text{C}$ における，空気中および水中の音速を求めよ。

[解答] 空気の場合には，(1 - 35) 式を用いて計算する。$\gamma = 1.4$，M は空気の平均分子量なので，$28.9[\text{gmol}^{-1}] = 28.9 \times 10^{-3}[\text{kgmol}^{-1}]$ である。

---

[8] 等エントロピー過程とも呼ばれる。

[9] 等温圧縮率 κ と断熱圧縮率 $\kappa_{ad} = -\frac{1}{v}\left(\frac{\partial v}{\partial P}\right)_{ad}$ との間には，$\gamma = \frac{\kappa}{\kappa_{ad}}$ の関係がある。

$$c = \sqrt{\frac{1.4 \times 8.3145 \times 293.15}{28.9 \times 10^{-3}}} = 343.6[\mathrm{ms}^{-1}]$$

水の場合には (1 - 34) 式を用いる．物性値は，$v = 18.0 \times 10^{-6}[\mathrm{m}^3]$，$M = 18.0 \times 10^{-3}[\mathrm{kgmol}^{-1}]$，$\kappa = 4.5 \times 10^{-10}[\mathrm{Pa}^{-1}]$ であるので，

$$c = \sqrt{\frac{18.0 \times 10^{-6}}{18.0 \times 10^{-3} \times 4.5 \times 10^{-10}}} = 1491[\mathrm{ms}^{-1}]$$

ちなみに 20 ℃における実測値は 1482.9$[\mathrm{ms}^{-1}]$ である．

5 エンタルピー，エントロピーの計算

材料科学の対象となるものの多くは，一定圧力下での操作がほとんどであり，等圧下の実験は等積下の実験よりもはるかにやさしいので[10]，エンタルピーはわれわれが通常観測する熱として扱われる．熱力学第1法則から，エンタルピーは保存される量であることがわかるが，エンタルピー変化の具体的な数値を求めることは，実用上重要となる場合が多いので，ここで解説する．

温度が T_1 から T_2 に変化した際のエンタルピー変化 ΔH は，定圧比熱 C_P の定義から，

$$\Delta H = \int_{T_1}^{T_2} C_P dT \tag{1 - 36}$$

と書くことができる．

もし $T_1 \to T_2$ の間の温度 T_t で，物質に融解，蒸発などの相変態が生じる場合，それに伴うエンタルピー変化を ΔH_t[11] とすれば，ΔH の値は

$$\Delta H = \int_{T_1}^{T_t} C_P^{(1)} dT + \Delta H_t + \int_{T_t}^{T_2} C_P^{(2)} dT \tag{1 - 37}$$

によって計算できる．ここで，$C_P^{(1)}$，$C_P^{(2)}$ は，それぞれ変態前の相1と変態後の相2の定圧比熱である．

---

[10] 液体や固体の体積を一定に保つためには，きわめて大きな圧力に耐えられる容器が必要である．
[11] 融解熱，蒸発熱などと呼ぶ．

エントロピー (entropy) 変化 ΔS も，同様の方法によって計算することができる。C_P の定義より，

$$\left(\frac{\partial S}{\partial T}\right)_P = \frac{C_P}{T} \tag{1-38}$$

なので，

$$\Delta S = \int_{T_1}^{T_2} \frac{C_P}{T} dT \tag{1-39}$$

また，T_t で相変態が生ずる場合，エントロピー変化は，

$$\Delta S_t = \frac{\Delta H_t}{T_t} \tag{1-40}$$

なので，

$$\Delta S = \int_{T_1}^{T_t} \frac{C_P^{(1)}}{T} dT + \frac{\Delta H_t}{T_t} + \int_{T_t}^{T_2} \frac{C_P^{(2)}}{T} dT \tag{1-41}$$

と，計算することができる。このように，エンタルピー，エントロピーの変化量を，物質の比熱や変態熱から求めることができる。しかし，平衡熱力学の範囲では，いずれもその絶対値を求めることはできない[12]。

例題 1-6

1 atm 下，断熱された容器内で，20℃ の水 1 モルと，80℃ の水 1 モルとを混合した。混合後の水温と，エントロピーの変化量を計算せよ。

[解答] 水の定圧比熱は，$C_P = 75.44 [\text{Jmol}^{-1}\text{K}^{-1}]$ である。混合後の水温を $T[\text{K}]$ とすると，混合の前後でのエンタルピー変化はないので，

$$\Delta H = \int_{293.15}^{T} 75.44 dT + \int_{353.15}^{T} 75.44 dT = 0$$

これを解いて，$T = 323.15K$ (50℃) を得る。

エントロピー変化は，

$$\Delta S = \int_{293.15}^{323.15} \frac{75.44}{T} dT + \int_{353.15}^{323.15} \frac{75.44}{T} dT$$

---

[12] 熱力学第3法則によればエントロピーの絶対値を定めることはできる。詳しくは第3章を参照のこと。

より，$\Delta S = 0.653 [\mathrm{JK}^{-1}]$ と計算される[13]。

以上の計算結果から，温度の異なる2つの水の混合によって，エントロピーは増大していることがわかる。温度の異なった2つのものが混ざって，同じ温度になるのは，明らかに自発的な現象である。この逆，すなわち50℃の水2モルが80℃の水1モルと20℃の水1モルに分かれるときには，エントロピーが減少する。これは，そのようなことが，自発的には起きないことを示している。

3 相平衡と状態図

1 相平衡の条件

相 (phase) とは，物理的・化学的に均一と考えることのできる領域をさす。純物質の相平衡 (phase equilibrium) とは，たとえば氷と水のように，純物質の異なった相が互いに平衡している状態をいう。

以下の3つの条件を満たすとき，2つの相 α と β とが平衡しているという。
① 機械的平衡 (圧力が等しい)[14] $P^\alpha = P^\beta$
② 熱の交換についての平衡 (温度が等しい) $T^\alpha = T^\beta$
③ 物質の交換についての平衡 (化学ポテンシャルが等しい) $\mu^\alpha = \mu^\beta$

2 相変態

物質がその集合状態を変えることを相変態 (transformation)[15] という。図1-1は，相 α と相 β の化学ポテンシャル $\mu(P,T)$ を図示したものである。2つの化学ポテンシャル面が交わるとき，その交線が2つの相の共存線である。図

---

[13] ここでは，H と S を，1モルあたりではなく，示量性の量として扱った。
[14] 2つの相を分ける境界が平面の場合に限られる。境界が曲率を持つ場合には第4章を参照のこと。
[15] 相転移 (phase transition) ともいう。

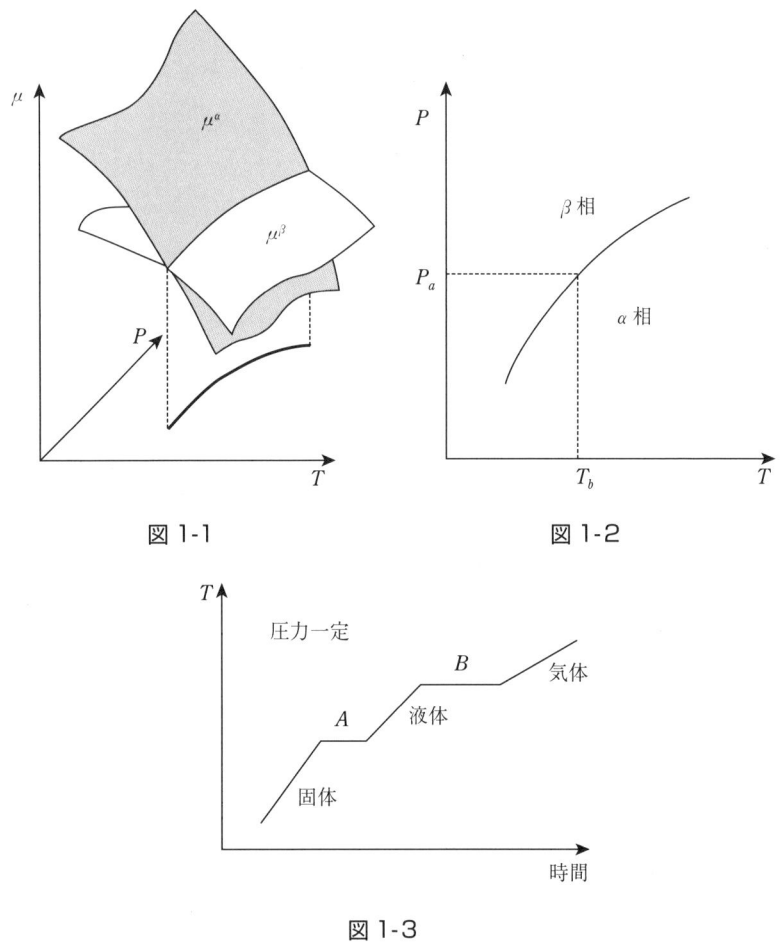

図1-1

図1-2

図1-3

中の共存線を越えると，相変態が生じ，常に化学ポテンシャルが低い方の相が，安定な相として存在する。ここで α を気相，β を液相とすると，共存線の P-T 平面への射影は，図1-2のようになる。この図から，たとえば P_a という圧力のとき，温度 T_b において，液体と気体が共存することがわかる。P_a が大気圧であるとき，T_b は沸点 (boiling point) と呼ばれる。

図1-3は，均一な物質 (たとえば水) に一定の熱を加えていった場合の，物質

の温度変化を模式的に表わしたものである。時間とともに，温度は上昇していくが，図の A と B において，温度が変化しない領域が出現する。A では固体から液体への変化が起こり，これを融解 (fusion) という。外界から熱を吸収するので，融解に伴うエンタルピー変化は，$\Delta H_f > 0$ であり，融解熱 (heat of fusion) と呼ばれる。融解の逆を凝固 (solidification) といい，系から外界に熱が放出される。この熱を液体の内部にひそんでいた熱と考え，潜熱 (latent heat) と呼ぶことがある。また，B では，液体から気体への変化が起こる。これを蒸発 (vaporization) といい，エンタルピー変化は $\Delta H_v > 0$ であり，蒸発熱または気化熱と呼ばれる。固体から気体への変化は昇華 (sublimation) という。

固体では，結晶構造が変化して別の相が出現する場合 (同素変態とも呼ばれている) が多く，炭素における黒鉛→ダイヤモンドや，鉄におけるフェライト→オーステナイトなど，材料科学では，たくさんの実例に出会う。

相変態について，熱力学的な考察を加えてみよう。

α 相と β 相の化学ポテンシャルの差 $\Delta\mu = \mu^\beta - \mu^\alpha$ を考えると，平衡条件は，$\Delta\mu = 0$ であり，これを境にして相変態が起きる[16]。純物質では，$\mu = G$ なので，平衡の条件は $\Delta\mu = \Delta G = G^\beta - G^\alpha = 0$ と書き表わせる。

ΔG を P, T で全微分して

$$d\Delta G = \left(\frac{\partial \Delta G}{\partial P}\right)_T dP + \left(\frac{\partial \Delta G}{\partial T}\right)_P dT = 0 \qquad (1-42)$$

$\left(\frac{\partial G}{\partial P}\right)_T = v, \left(\frac{\partial G}{\partial T}\right)_P = -S$ より，

$$\Delta v dP - \Delta S dT = 0 \qquad (1-43)$$

したがって，$\Delta v = v^\beta - v^\alpha$，相変態に伴うエンタルピー変化 ΔH_t とすると，変態温度 T_t では，$\Delta G = \Delta H - T_t \Delta S = 0$ なので，

---

[16] 図1-1に示されているような相変態を，1次相転移と呼んでいる。厳密には $\frac{\partial \Delta \mu}{\partial T} \neq 0$，$\frac{\partial \Delta \mu}{\partial P} \neq 0$ という，$\Delta\mu$ の1階の導関数についての条件が加わる。2次以上の高次の相転移については，参考図書[3] II 巻を参照のこと。

$$\frac{dP}{dT} = \frac{\Delta S}{\Delta v} = \frac{\Delta H}{T_t \Delta v} \tag{1-44}$$

(1 - 44) 式をクラウジウス - クラペイロン (Clausius-Clapeyron) の式という。相変態温度と圧力との関係を与える式である。

例題 1-7　100 atm 下での氷の融点は何度になるか。

［解答］　氷の融解熱は $\Delta H_f = 6009 [\mathrm{Jmol}^{-1}]$，氷，水のモル体積はそれぞれ，$19.6 \times 10^{-6} [\mathrm{m^3 mol^{-1}}]$ および $18.0 \times 10^{-6} [\mathrm{m^3 mol^{-1}}]$ である。(1 - 44) 式に代入すると，

$$\frac{dP}{dT} = \frac{6009}{273.15 \times (18.0 \times 10^{-6} - 19.6 \times 10^{-6})}$$
$$= -1.37 \times 10^7 [\mathrm{PaK}^{-1}]$$
$$\Delta T = \frac{100 \times 1.0133 \times 10^5}{-1.37 \times 10^7} = -0.74 [\mathrm{K}]$$

したがって，融点は -0.74 ℃に降下する。

氷の融解では，体積の減少を伴うので，$\frac{dT}{dP} < 0$ である。すなわち圧力が上がると，融解の温度が下がる。一方水の蒸発では $\frac{dT}{dP} > 0$ であるから，圧力が上がると沸騰する温度が上昇する。例題から推察されるように，前者の性質を利用したものにスケートがある。また，後者の性質を利用したものには，100 ℃以上の温度で調理することを可能にする圧力鍋がある。

3 純粋物質の状態図

一般に物質が安定に存在する領域を，状態を表わす示強性変数の空間に表示したものを状態図 (phase diagram) と呼ぶ。純物質においては，$P - T - v$ 空間で表示することができるが，通常はその $P - T$ 平面または $P - v$ 平面への射影を用いることが多い。純物質の $P - T$ 状態図の例を図 1 - 4 に，$P - v$ 状態図の例を図 1 - 5 に示す。

図 1 - 4 中の曲線は①，②，③は，それぞれ固体と気体，固体と液体，液体

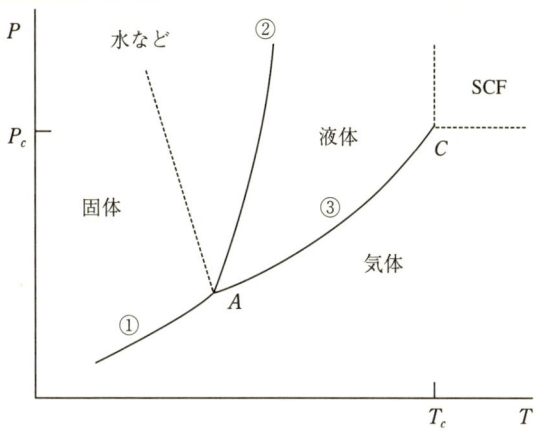

図1-4

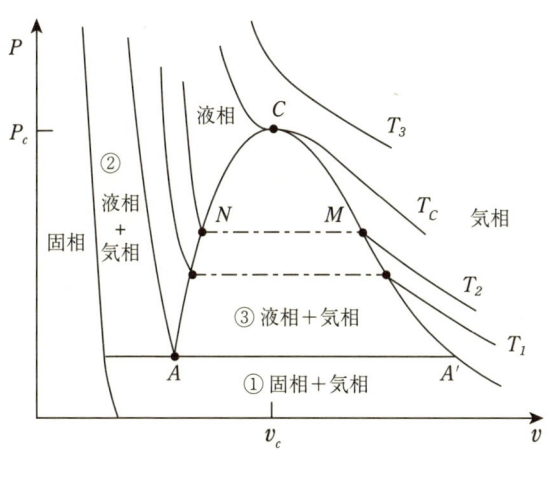

図1-5

と気体が共存する線であり、P, T いずれか一方の値しか決めることはできないので、自由度[17]1 であるという。①は昇華曲線、②は融解曲線、③は蒸

---

[17] 独立に変化させることのできる示強性変数の数、詳しくはギブス(Gibbs)の相律を参照のこと。

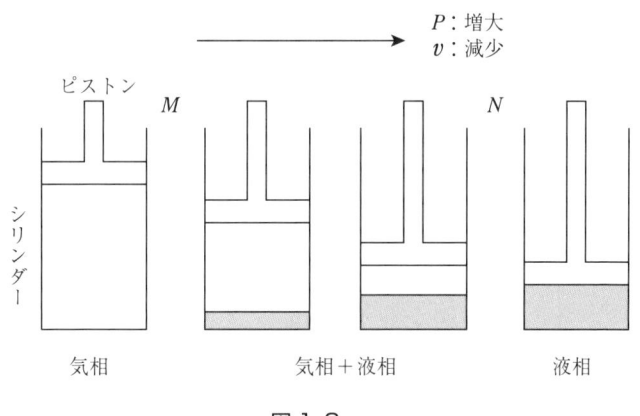

図 1-6

発曲線ともいう。点 A は，三重点 (triple point) と呼ばれ，物質に固有の値である。この点を動かすことはできないので，自由度は 0 である。同様に点 C も自由度 0 の点であり，臨界点 (critical point) と呼ばれるが，臨界点については別途説明する。

図 1-5 では，図 1-4 の共存線は領域①，②，③に，また三重点は線分 AA' に，臨界点は点 C にそれぞれ対応している。線分 AC は気体，$A'C$ は液体の飽和線であり，同じ圧力における AC 上の液体と $A'C$ 上の気体は平衡していることを示している。T_1，T_2，… は等温線である。図 1-6 は等温線 T_2 にそって，モル体積 v を減少させていった場合の状況を模式的に示したものである。v の減少に伴って圧力は上昇し，図 1-5 の M 点で液相が生成する。その後気相と液相が共存しつつ，液相の量が増加する。この間，圧力の変化はない。N 点に達すると気相は消滅し，液相のみとなり，v の減少にともなって圧力は急激に増大する。等温線 T_c は，点 C で曲線 ACA' と接する。T_c 以上の温度では，液相と気相の区別がなくなることがわかる。

4 臨界点と相応状態原理

臨界点とは，共存する 2 相の識別が消失する，すなわち図 1-4，図 1-5 で

いえば，液体と気体の境界がなくなる点 (C) である．この点における温度・圧力を臨界温度 T_c，臨界圧力 P_c といい，これ以上の温度では液体は存在しない．物質が臨界温度・圧力以上の状態にあるとき，これを超臨界流体 (SCF: super critical fluid) と呼ぶ場合もあるが，表1-1に示したように，常温で臨界圧力以上に加圧された窒素や酸素も超臨界流体の領域にあることから，高密度のガスであると考えればよい．臨界点以上の温度では，気体をどんなに加圧しても液体にはならないことを覚えておこう．したがって，常温の液体窒素や液体酸素は存在しない．

図1-5に示したように，臨界温度 T_c における等温線は，臨界点 $C(T_c, P_c, v_c)$ において，

$$\left(\frac{\partial P}{\partial v}\right)_T = 0$$

$$\left(\frac{\partial^2 P}{\partial v^2}\right)_T = 0$$

という条件を満たす．

もし，すべての流体がファン・デア・ワールスの状態方程式 (1-12) に従うとすると，この条件に代入することによって，

$$a = \frac{9}{8}RT_c v_c$$

$$b = \frac{1}{3}v_c$$

が，得られる．ファン・デア・ワールスの状態方程式中の P, T, v をそれぞれ無次元化すると，

$$T_r = \frac{T}{T_c},\ P_r = \frac{P}{P_c},\ v_r = \frac{v}{v_c} \tag{1-45}$$

ファン・デア・ワールスの状態方程式は次のように書き換えられる．

$$P_r = \frac{8T_r}{3v_r - 1} - \frac{3}{v_r^2} \tag{1-46}$$

これは，すべての流体が (1 - 46) 式で表わされることを意味している。このように，臨界点の値で無次元化した T_r と P_r が同じならば，同じ v_r となることを，対応状態原理 (theorem of corresponding state) という。実際には，ファン・デア・ワールスの状態方程式に従う流体は少ないが，この原理を拡張して多数の流体の体積的な挙動を予測することが可能となっている。

表 1-1 臨界温度，臨界圧力および臨界密度

(T_c：臨界温度，p_c：臨界圧力，ρ_c：臨界密度)

物質	T_c[K]	p_c[atm]	ρ_c[g/cm^3]	物質	T_c[K]	p_c[atm]	ρ_c[g/cm^3]
AlCl$_3$	763	28.5	0.860	PH$_3$	324.8	64.5	—
Ar	150.72	48.00	0.5308	Pb	5400	850	2.2
Ag	7500	—	1.85	Ra	377.16	62.0	—
As	530	342	—	Rb	2111	—	0.334
BiCl$_3$	1179	118	1.21	S	1314	116	—
Br$_2$	584	102	1.18	SO$_2$	430.7	77.808	0.525
CCl$_3$F	198.0	43.5	0.554	SO$_3$	491.4	83.8	0.633
CCl$_4$	556.4	45.0	0.558	Si	269.7	47.8	—
CO	133.0	34.5	0.3010	SiCl$_4$	506.8	37.1	0.584
CO$_2$	304.20	72.85	0.468	SiF$_4$	259.01	36.66	—
CS$_2$	552	78	0.441	SnCl$_4$	592.0	37.0	0.742
CS$_2$	2056	130.8	0.451	Xe	289.75	58.0	1.105
Cl$_2$	417.2	76.1	0.573	アセチレン	309.5	61.6	0.231
D$_2$	38.26	16.28	0.0668	アセトニリル	547.9	47.7	0.237
F$_2$	144.30	51.47	0.574	アセトン	508.7	46.7	0.273
Ga	5410	250	1.58	アニリン	698.8	52.3	0.340
GeCl$_4$	552	38	0.65	エタノール	516	63.0	0.276
HBr	362.96	84.00	—	エタン	305.43	48.20	0.203
HCl	324.7	81.5	0.45	エチルベンゼン	617.09	35.62	0.284
HCN	456.7	53.2	0.195	エチレン	283.06	50.50	0.227
H$_2$(正常)	33.24	12.80	0.03102	塩化エチル	460.4	52	—
H$_2$O	647.14	217.6	0.32	塩化メチル	416.25	65.92	0.363
D$_2$O	644.0	213.8	0.36	$o-$キシレン	630.3	36.84	0.288
H$_2$S	373.6	88.9	0.3488	$m-$クレゾール	705.8	45.0	0.35
He^3	3.38	1.22	0.041	クロロベンゼン	632.4	44.6	0.365
He^4	5.21	2.26	0.0693	クロロホルム	536.6	54	0.496
Hg	1735	1587	—	酢酸	594.8	57.1	0.351
HgCl$_2$	972	—	1.555	酢酸エチル	523.3	37.8	0.308
I$_2$	819	—	1.64	トルエン	594.0	41.6	0.29
K	2223	160	0.187	ナフタレン	748.4	39.98	0.31
Kr	209.39	54.27	0.9085	フッ化ビニル	327.9	51.7	0.320
Li	3223	680	0.105	プロパン	370.0	42.01	0.220
NH$_3$	405.51	111.3	0.235	プロピオン酸	612	53	0.32
NO$_2$	431	100	0.56	プロピレン	365	45.6	0.233
N$_2$	126.3	33.54	0.3110	ヘキサン	507.35	29.3	0.233
N$_2$H$_4$	653	145	—	ベンゼン	562.7	48.6	0.300
Na	2573	350	0.198	ペンタン	469.7	33.25	0.237
Ne	44.44	26.86	0.4835	無水酢酸	569	46.2	—
O$_2$	154.78	50.14	0.41	メタノール	512.58	79.9	0.272
O$_3$	215.2	48.9	0.553	メタン	190.55	45.44	0.162

出典：飯田ら『新版　物理定数表』朝倉書店，1978 より。

第2章

溶液・固溶体の熱力学

前章では,純物質,すなわち1成分系の熱力学について述べた。本章ではマテリアルサイエンスの主題である固溶体や溶液を扱う。これらは,多成分系であり,成分同士の相互作用を考慮する必要が生じてくる。

1 相律と状態図

1 デュエムの定理

平衡状態にある閉鎖系の独立変数の数について,デュエム (Duhem) の定理が成り立つ。

「各成分の初期質量が決まった閉鎖系の平衡状態は,示強性,示量性を問わず,2つの変数を定めることによって決定される」。[1]

仮想的に,非常に強固な内容積 V の容器を考えよう (図2-1)。その中に任意の物質を任意の量だけ入れて密封する。この容器は外部から熱を加えることも,冷却することもできるが,物質の出入りはない。すなわち閉鎖系である。いま2つの同じ容器を用意し,同じ物質を同じ量だけ入れて温度 T で保持したとする。これで,示量性変数である体積 V と示強性変数である温度 T の,2つの変数を決定したことになる。十分長い時間が経過した後,容器内は平衡状態に達するであろう。そのとき,2つの容器内の他の熱力学量 (圧力,

---

[1] 参考図書 [3], p. 189。

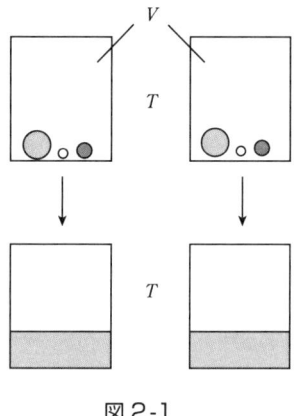

図 2-1

内部エネルギーなど) は，すべて同じであろうというのが，われわれの経験から得られたものである。

2 ギブスの相律

不均一開放系の相平衡において，独立に変えることのできる示強性変数の数を自由度 (degree of freedom) と呼ぶ。多成分系において，系の自由度を求めてみよう。

いま，c 種類の成分と p 個の相からなる系を考える。異なる相間の平衡条件は，①圧力が等しい，②温度が等しい，③化学ポテンシャルが等しい，の3つであった。まず，1つの相について独立な変数を数えると，温度，圧力，および $c-1$ 個の化学ポテンシャル[2]である。したがって，1つの相の独立な示強性変数は $c+1$ 個である。これが p 個の相についていえるので，系全体では $p(c+1)$ 個である。

一方，温度，圧力，c 個の化学ポテンシャルの，計 $c+2$ 個の変数が p 個の相間で等しいので，$(p-1)(c+2)$ 個の等式が得られる。したがって，系の自

---

[2] c 個の化学ポテンシャルの間には，ギブス - デュエムの式が成り立つので，$c-1$ 個が独立である。

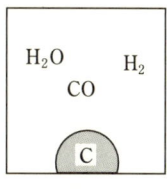

図 2-2

由度 f は,次の式で表わされる。

$$f = p(c+1) - (p-1)(c+2) = c - p + 2 \qquad (2\text{-}1)$$

これをギブスの相律[3]という。

前章で純物質の状態図上で自由度について触れたが,ここで,ギブスの相律を適用してみよう。純物質では $c=1$ なので,$f=3-p$ となる。したがって,1 相の領域では自由度は 2,2 相共存では自由度は 1,そして 3 相共存のとき自由度は 0 となる。

成分数 c の数え方にはいくつかの方法があるが,系内に存在する元素の数を数えるというやり方が,最も簡単で実用的である。図 2-2 は,固体の炭素と,H_2, H_2O, CO, CO_2 ガスとが平衡している 2 相系を考えている。このときの成分数は,元素が C,H,O の 3 種類であるから,$c=3$ とすればよい。

系内に存在する成分は,これら元素の単体分子の反応によって生成できるので,1 つ成分が増えるとそれに伴って化学反応式が 1 つ書ける。系内の化学反応が平衡であるという条件から新しい成分は独立な成分とはなりえないので,結局独立な成分数は元素の数となる。この方法は,炭酸カルシウムの分解反応,$CaCO_3 \rightarrow CaO + CO_2$ のような特別な例[4]を除いてたいていの場合に有効である。

---

[3] 先のデュエムの定理を用いても導くことができる。
[4] 系内の元素は Ca,C,O の 3 つであるが,この反応は $AB \rightarrow A + B$ と書け,他の反応は考えないので,$c=2$ と数える。相の数は 3 つなので,自由度は 1 となり,温度を決めると平衡 CO_2 分圧(分解圧)が決まる。

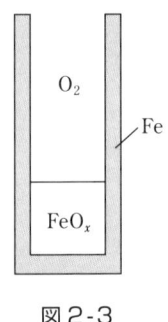

図2-3

例題2-1 図2-3に示すような，$Fe(s) - FeO_x(s) - O_2$ 系の自由度を求めよ。

［解答］ 成分数は，Fe と O の2つで，相の数は $Fe(s)$ 相，$FeO_x(s)$ 相，気相の3つであるから，自由度は $f = 2 - 3 + 2 = 1$ となる。$FeO_x(s)$ は，非化学量論組成を持つ化合物であるが，$Fe(s)$ と平衡しているとき，たとえば温度を決めると，O_2 の分圧も，組成 x も，一意的に決まることがわかる。

3 多成分系の状態図

純物質の状態図は，たとえば P, T を変数として描かれたが，多成分系の状態図はさらに組成 (各成分の濃度) が新たな変数として加えられる。数多くの変数からなる空間を平面上に示すのは困難であるので，いくつかの変数の値を固定して図示することが一般的である。材料科学の対象は主として大気圧下の固体や液体であるので，等圧下，とくに 1 atm における状態図が重要である。

図2-4は，2成分系[5]の等圧状態図の一例を示したものである。2成分系の状態図はその形によってさまざまな分類[6]がなされているが，この図は共晶系

---

[5] 2元系 (binary) ともいう。
[6] 詳しくは，山口明良『相平衡状態図の見方・使い方』講談社サイエンティフィク，1997 や，C. G. Bergeron *et al.*, *Introduction to Phase Equilibria in Ceramics*, American Ceramic Society, 1984 などを参照されたい。

図 2-4

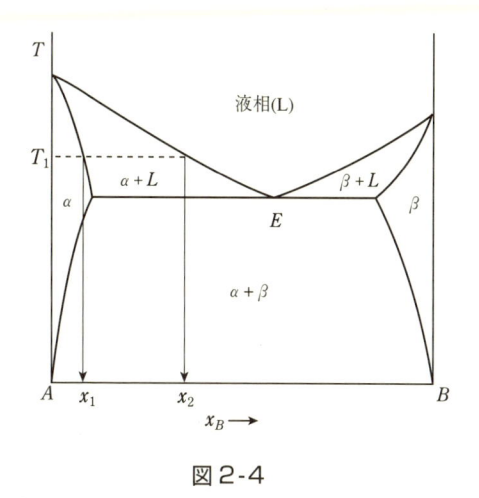

(euticticsystem) と呼ばれるものである。縦軸は温度，横軸は成分濃度を示している。自由度 f は，一定圧力下であるので，2成分系では $f = 2 - p + 1 = 3 - p$ となる。図の，液相，α 相，β 相では，自由度2となり，温度と組成を自由に選ぶことができる。$\alpha + L$，$\beta + L$，$\alpha + \beta$ の領域では2相が共存するので，自由度は1である。すなわちこの領域では，温度を決定すると，共存する2相の組成が自動的に決まる。たとえば，温度 T_1 を決めると，$\alpha + L$ 領域では，組成 x_1 の α 相と組成 x_2 の液相が共存する。原理的には，これらの共存線は，異なる相の各成分の化学ポテンシャル (温度と組成の関数になる) を等しいと置き，これを解くことによって求めることができる[7]が，多くの場合，状態図は実験によって決定されている。点 E では，3相が共存し，自由度は0である。この点を共晶点という。

図 2-5 は，3成分系 (ternary) の状態図の例を示したものである。平面上に表わす場合には1 atm 下での等温断面図を用いる場合が多い。3つの成分を頂点とした正三角形を用い，図中の点は1つの組成に対応しており，それぞれの対辺におろした垂線の長さが，その点の組成を表わす。また，頂点 A の

---

[7] このようにして描かれる状態図を計算状態図という。

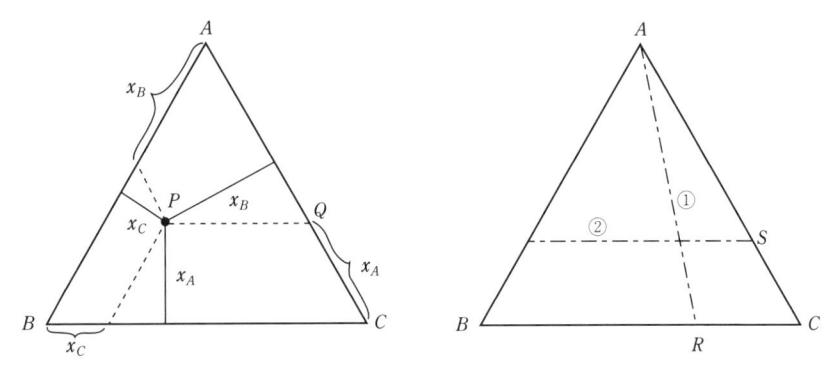

図 2-5

対辺 BC に平行に引いた直線 (図 2-5 中の点線) と辺 AC との交点 Q を求めると，CQ の長さが，A の組成を表わしている。実際の状態図には，このようにして成分の目盛りがふってある。3 成分系状態図上で，頂点 A から対辺 BC に引いた直線 AR (一点鎖線 ①) 上では，成分 B と成分 C の比は，$BR:CR$ で一定である。一方，BC に平衡な直線 (一点鎖線 ②) 上では，成分 A の濃度が一定であり，その濃度は CS の長さで表わされる。

2 フガシティーと活量

1 気体の化学ポテンシャル

混合気体の各成分が理想気体とみなせる場合には，P_i の分圧を持つ i 成分の気体の化学ポテンシャル μ_i は，

$$\left(\frac{\partial \mu_i}{\partial P}\right)_T = v_i$$

より，次の式で与えられる。

$$\mu_i(T, P_i) - \mu_i^o(T, P_0) = \int_{P_0}^{P_i} v_i dP = \int_{P_0}^{P_i} \frac{RT}{P} dP \qquad (2\text{-}2)$$

$$\mu_i(T, P_i) = \mu_i^o(T, P_0) + RT \ln\left(\frac{P_i}{P_0}\right) \qquad (2\text{-}3)$$

ここで μ_i^o は，温度 T，標準圧力 P_0 における i 成分気体の化学ポテンシャルである。通常は標準状態を $P_0 = 1\,\text{atm}$ (SI 単位系では $P_0 = 1.0133 \times 10^5\,\text{Pa}$[8]) にとるので，$P$ の単位を atm にすれば，次のように書くことができる。なお，P は全圧，x_i はモル分率である。

$$\mu_i = \mu_i^o + RT \ln P_i = \mu_i^o + RT \ln P x_i \qquad (2\text{-}4)$$

通常の圧力・温度の範囲であれば，理想気体として近似して計算してもよく，(2-4) 式は，実用上便利な式である。

2 フガシティー

実在気体ではとくに高圧において，そのふるまいが理想気体から外れてくる。そのため，分圧に代わって，フガシティー (fugacity) と呼ばれる量が導入される。i 成分気体のフガシティーを f_i とすると，化学ポテンシャルは，次のように表わされる。

$$\begin{aligned}\mu_i &= \mu_i^o + RT \ln f_i = \mu_i^o + RT \ln \phi_i P_i \\ &= \mu_i^o + RT \ln P \phi_i x_i \end{aligned} \qquad (2\text{-}5)$$

ここで ϕ_i は，i 成分のフガシティー係数 (fugacity coefficient) である。高圧気体の関与する反応において，フガシティーは重要になってくる。フガシティーの厳密な定義や，混合気体のフガシティー係数の決定方法などについては，専門書を参考にされたい[9]。

なお，低圧において一般気体は理想気体に近づくので，フガシティー係数は 1 に近づく。

---

[8] 1 Pa ではないことに注意されたい。
[9] たとえば参考図書 [4]。

3 活量

活量 (activity) は，活動度とも呼ばれる量であり，フガシティーに類似した概念として，液体や固溶体において用いられている。温度 T，圧力 P における i 成分の活量 a_i は，i 成分の化学ポテンシャル $\mu_i(T,P)$ と標準状態の化学ポテンシャル $\mu_i^o(T,P)$ を用いて，次の式で定義される。

$$\mu_i(T,P) = \mu_i^o(T,P) + RT \ln a_i(T,P) \tag{2-6}$$

表面張力による圧力効果の支配的な系や，高圧下でない限り，凝縮相のモル体積は気体に比べて小さいので，μ_i や a_i の圧力依存性は考慮しないのが普通である。したがって一般には，(2-7) 式が，温度 T における活量の定義式となる。ここで μ_i^o は温度 T，1 atm 下における標準状態の物質 i の化学ポテンシャルである。

$$\mu_i = \mu_i^o + RT \ln a_i \tag{2-7}$$

通常は，問題とする温度，1 atm のもとで，最も安定に存在する単体の相を用いる[10]。たとえば，常温の Cu - Zn 合金について考察する場合，固体の純 Cu と固体の純 Zn が標準状態の物質になる。このとき，(2-7) 式から明らかなように，標準状態の物質の活量は 1 である。

純物質を標準状態に選んだ場合，溶液の平衡蒸気圧を P_i，純物質の平衡蒸気圧を P_i^o とすると，活量とフガシティーの関係は次のようになる。

$$a_i = \frac{f_i}{f_i^o} = \frac{\phi_i P_i}{\phi_i^o P_i^o} \tag{2-8}$$

蒸気が理想気体で近似できるときは，$\phi_i = \phi_i^o = 1$ なので，$a_i = \frac{P_i}{P_i^o}$ となる。また，活量は，i 成分のモル分率 x_i とは，次の関係にある。

$$a_i = \gamma_i x_i \tag{2-9}$$

---

[10] もちろん他の状態にある物質を標準状態としてもよい，本文の例でいえば，仮想的な液体の Cu や，Cu - Zn 合金中の Zn などである。しかし，このような標準状態のとり方は，あまり意味のないことが多い。

γ_i を活量係数 (activity coefficient) とよび，組成と温度の関数として扱う．活量係数が 1 より小さいとき，理想溶液[11]より負に偏倚 (deviation) しているといい，溶質と溶液の親和力が大きい場合に見られる．一方活量係数が 1 より大きい場合には，正に偏倚するといい，溶質と溶液の反発的な相互作用の結果であると考えられる．

3 溶液と固溶体

1 溶液・固溶体の化学ポテンシャル

A を溶媒，B を溶質とする A - B 2 成分系溶液を考えよう．純粋な A と B から，A のモル分率 x_A，B のモル分率 x_B ($= 1 - x_A$) の組成の溶液・固溶体をつくるときのギブス自由エネルギー変化は，A - B 溶液のギブス自由エネルギー $G_{A\text{-}B}$ から，混合前の純物質の自由エネルギーの和を引いたものに等しい．これを混合のギブス自由エネルギー変化 ΔG_{mix} といい，次の式で表わされる．

$$\Delta G_{\text{mix}} = G_{A\text{-}B} - (x_A G_A^o + x_B G_B^o) \tag{2-10}$$

$G_{A\text{-}B} = x_A \mu_A + x_B \mu_B$，および $\mu_A^o = G_A^o$，$\mu_B^o = G_B^o$ を代入して，

$$\begin{aligned}\Delta G_{\text{mix}} &= x_A(\mu_A - \mu_A^o) + x_B(\mu_B - \mu_B^o) \\ &= RT(x_A \ln a_A + x_B \ln a_B)\end{aligned} \tag{2-11}$$

例題 2-2 図 2-6 のように，A - B 溶液のギブス自由エネルギーが，組成の関数として与えられているとき，$x_B = \alpha$ における A，B の化学ポテンシャルを求めよ．

---

[11] p.38 参照．

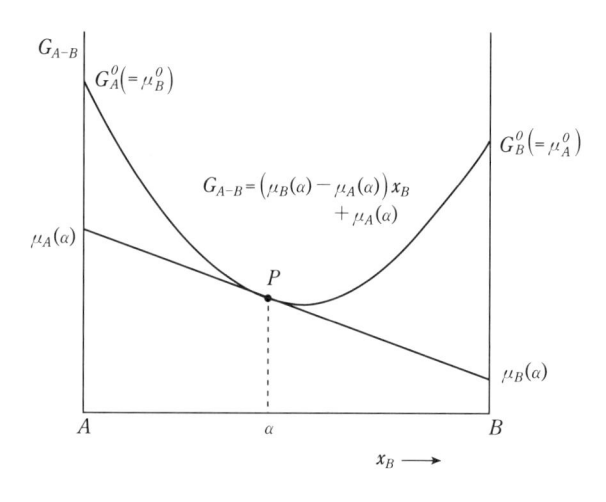

図2-6

［解答］ $G_{A-B} = x_A\mu_A + x_B\mu_B$ を，T，P 一定下で x_B で微分して，ギブス‐デュエムの式 $x_A d\mu_A + x_B d\mu_B = 0$, $dx_A = -dx_B$ を用いると，

$$\left(\frac{\partial G_{A-B}}{\partial x_B}\right)_{T,P} = x_A\left(\frac{\partial \mu_A}{\partial x_B}\right)_{T,P} - \mu_A + x_B\left(\frac{\partial \mu_B}{\partial x_B}\right)_{T,P} + \mu_B$$

$$= \mu_B - \mu_A \tag{2-12}$$

一方，$x_B = \alpha$ における接線の方程式は，

$$G_{A-B} - G_{A-B}(\alpha) = \left(\frac{\partial G_{A-B}}{\partial x_B}\right)_{T,P}\bigg|_{x_B=\alpha}(x_B - \alpha) \tag{2-13}$$

(2-12) 式を代入して，(2-14) 式を得る。

$$G_{A-B} = (1-\alpha)\mu_A(\alpha) + \alpha\mu_B(\alpha) + [\mu_B(\alpha) - \mu_A(\alpha)](x_B - \alpha)$$

$$= [\mu_B(\alpha) - \mu_A(\alpha)]x_B + \mu_A(\alpha) \tag{2-14}$$

(2-14) 式より，$x_B = \alpha$ における接線の $x_B = 0$，$x_B = 1$ での値が，それぞれ，$\mu_A(\alpha)$ と $\mu_B(\alpha)$ を与える。

図 2-7

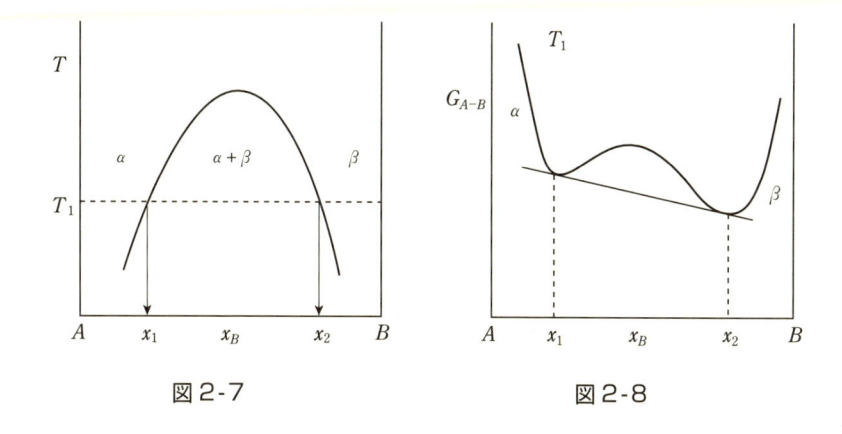

図 2-8

　以上のようにして，溶液のギブス自由エネルギーから，その部分モル量に相当する化学ポテンシャル[12]を求めることができる。この方法は，部分モル量を求める一般的な方法で，接線法と呼ばれる。同様にして，部分モル体積や部分モルエンタルピーなどを求めることができる。

　ここで，溶液・固溶体の自由エネルギー線図と，状態図との関係について説明しておこう。図 2-7 は，等圧下における 2 成分系の状態図である。温度 T_1 において α 相と β 相が平衡している。図 2-8 は，この状態図に対応したギブス自由エネルギー線図を模式的に示したものである。α 相の自由エネルギー曲線と，β 相の自由エネルギー曲線に接線を引くことによって，成分 A と成分 B の化学ポテンシャルを求めることができる。両相の温度，圧力は等しいので，相平衡の条件は，各成分の化学ポテンシャルが等しいことである。いま，2 つの自由エネルギー曲線に共通接線を引けば，それぞれの接点の組成 (α 相では x_1，β 相では x_2) における，各成分の化学ポテンシャルは両相とも等しくなる。このようにして，平衡する組成を決定することができる。x_1 と x_2 の間の組成では，組成 x_1 の α 相と，組成 x_2 の β 相の 2 相が共存した方がギブス自由エネルギーが低いので[13]，2 相共存が実現される。

---

[12] Appendix 8 参照。
[13] 2 相共存のときのギブス自由エネルギーは，共通接線で与えられる。

2 ラウールの法則とヘンリーの法則

活量は，すでに述べたように，μ_i^o，すなわち標準状態のとり方によって，どのような値でもとることができたが，一般には，純物質を標準状態としている。このような標準状態を考えたとき，希薄溶液の溶媒と溶質について成立する，ラウール (Raoult) の法則とヘンリー (Henry) の法則は，次のように表現される[14]。

○ラウールの法則：「希薄溶液の溶媒の活量はそのモル分率に等しい」。

$$x_i \to 1, \; \gamma_i \to 1 \tag{2-15}$$

○ヘンリーの法則：「希薄溶液の溶質の活量はそのモル分率に比例する」。

$$x_i \to 0, \; \gamma_i \to \gamma_i^o \tag{2-16}$$

図 2-9 は，2 成分系の活量線図の一例を示したものである[15]。濃度の低い領域では，活量曲線は，傾き γ_i^o の直線の上にのる。これが，ヘンリーの法則である。

> [補足] ヘンリーの法則には，「一定の温度で一定量の液体に対する気体の溶解度は，その分圧に比例する」という表現もある。気体の液体への溶解度は一般に小さく，希薄溶液とみなせるからである。しかし，溶融金属への気体の溶解はこの表現には当てはまらない。すなわち，「2 原子分子気体 (X_2) の溶解度は，その分圧の平方根に比例する」という，ジーベルト (Sievert) の法則が成立するのである。これは，気体の溶解が以下の反応式に従うためである。
>
> $$X_2(g) = 2[X]_{\text{in metal}}$$
>
> この反応の平衡定数[16]をとると，
>
> $$K = \frac{a_{[X]}^2}{P_{X_2}}$$

---

[14] これらの法則を厳密に表現するには，フガシティーを用いる。詳しくは参考図書 [4]，p. 170。
[15] 3 成分以上の系においてもこれらの法則は成り立つ。
[16] 第 3 章参照。

図 2-9

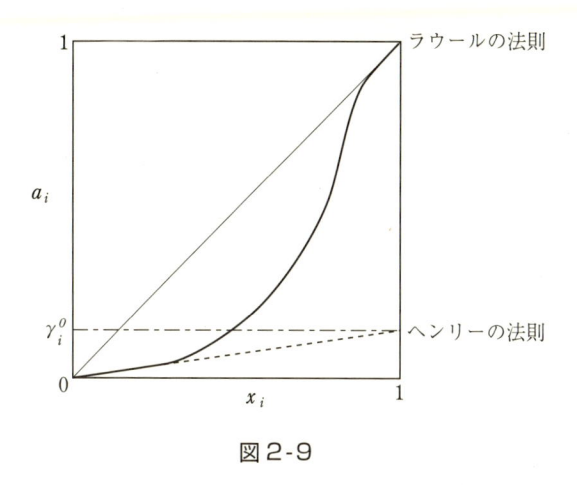

気体の金属中での濃度が十分に低いとき，ヘンリーの法則が成り立つと考えれば，活量係数は一定とみなせるので，

$$x_{[X]} \propto \sqrt{P_{X_2}}$$

という関係が成り立つ。

一方，濃度が高く，そのモル分率が 1 に近い領域では，活量曲線は $Y = X$ の線上にのる。これが，ラウールの法則である。ラウールの法則では $x_i = 1$ のとき，$a_i = 1$ となるので，純物質を標準状態にとったときの活量を，ラウール基準の活量と呼ぶ。

[補足] 希薄溶液を扱う場合，活量と濃度とが一致するように標準状態を選ぶ場合がある。これを，ヘンリー基準もしくは無限希薄溶液基準と呼び，ヘンリー基準の活量 a_i^H を，$x_i \to 0$ のとき，$a_i^H \to x_i$ すなわち，$\gamma_i^H \to 1$ と定義する。このとき標準状態の化学ポテンシャル μ_H^o は，ラウール基準の標準状態の化学ポテンシャルを μ_R^o とすれば，

$$\mu_H^o = \mu_R^o + RT \ln \gamma_i^o$$

となり，a_i^R を，通常用いるラウール基準の活量とすれば，

$$a_i^H = \frac{a_i^R}{\gamma_i^o}$$

の関係がある。

なお、鉄鋼製錬では、濃度を重量百分率 (mass %) にとったヘンリー基準の活量が慣用として用いられている。これは、分析で得られた各成分の (mass %) から、直接熱力学計算が可能となるためである。詳しくは他書を参照されたい[17]。

例題 2-3 溶質がヘンリーの法則に従うとき、溶媒はラウールの法則に従うことを示せ。

[解答] 溶質 A、溶媒 B とすると、ヘンリーの法則より、$a_A = \gamma_A^o x_A$ なので、これをギブス - デュエムの式に代入する。

まず、ギブス - デュエムの式に、活量の定義 $\mu_i = \mu_i^o + RT \ln a_i$ ((2 - 7) 式) を代入すると、

$$x_A d\mu_A + x_B d\mu_B = 0$$

$$x_A \left(d\ln\gamma_A + \frac{dx_A}{x_A} \right) + x_B \left(d\ln\gamma_B + \frac{dx_B}{x_B} \right) = 0$$

$$x_A d\ln\gamma_A + x_B d\ln\gamma_B = 0 \tag{2-17}$$

(2 - 17) 式も、ギブス - デュエムの式として使える便利な式である。

ここで $\gamma_A = \gamma_A^o$ とすると、γ_A^o は一定なので、

$$x_B d\ln\gamma_B = 0$$

積分して、

$$\gamma_B = C(\text{const.})$$

$x_B \to 1$ のとき、$\gamma_B \to 1$ より $C = 1$ なので、$\gamma_B = 1$。したがって、溶媒 B は、ラウールの法則に従う。

例題 2-4 A - B 2 成分系において、成分 B の活量が既知のとき、A の活量を求めるにはどうしたらよいか。

---

[17] 大谷正康『鉄冶金熱力学』日刊工業新聞社, 1971, 鉄鋼協会編『鉄鋼便覧』丸善, 1979, 永田和宏・加藤雅治編『解いてわかる材料工学 I』丸善, 1997。

[解答] (2-17)式を変形する。

$$d\ln\gamma_A = -\frac{x_B}{x_A}d\ln\gamma_B$$

これを積分して，γ_A を求める．積分下限を $x_A = 1$ にとれば，このとき $\gamma_A = 1$，$\gamma_B = \gamma_B^o$ なので

$$\ln\gamma_A = -\int_{\ln\gamma_B^o}^{\ln\gamma_B}\frac{x_B}{x_A}d\ln\gamma_B \tag{2-18}$$

この積分を，ギブス-デュエム積分といい，成分 A の活量係数を計算することができる．

3 理想溶液と正則溶液

全組成範囲でラウールの法則が成立する溶液，すなわち活量がモル分率に等しい ($\gamma_i = 1$) 溶液を，理想溶液 (ideal solution) という．

(2-11)式を書きなおすと，A-B 2成分系溶液の混合のギブス自由エネルギー変化は，(2-19)式で与えられる．

$$\begin{aligned}\Delta G_{\text{mix}} &= RT(x_A\ln a_A + x_B\ln a_B)\\ &= RT(x_A\ln\gamma_A + x_B\ln\gamma_B)\\ &\quad + RT(x_A\ln x_A + x_B\ln x_B)\end{aligned} \tag{2-19}$$

理想溶液の定義より，$\gamma_A = \gamma_B = 1$ であるから，

$$\Delta G_{\text{mix}} = RT(x_A\ln x_A + x_B\ln x_B) \tag{2-20}$$

ここで，混合の自由エネルギー変化を，混合のエンタルピー変化とエントロピー変化とを使って書き換える．

$$\Delta G_{\text{mix}} = \Delta H_{\text{mix}} - T\Delta S_{\text{mix}} \tag{2-21}$$

肩付き文字 id. が理想溶液を表わすものとすると，理想溶液の混合のエンタルピー変化とエントロピー変化は，次のように与えられる．

$$\Delta H_{\text{mix}}^{\text{id.}} = 0 \tag{2-22}$$

$$\Delta S_{\text{mix}}^{\text{id.}} = -R(x_A \ln x_A + x_B \ln x_B) \tag{2-23}$$

すなわち，理想溶液は混合熱が 0 で，エントロピー変化が (2 - 23) 式で書けるものをいう。

［補足］ 理想溶液の混合のエントロピー変化は，A，B 粒子[18]の無秩序混合 (random mixing) による，統計力学的エントロピー[19]の変化に対応することが証明されている。

$n_A + n_B = N_0$ 個の粒子の混合にともなう統計力学的エントロピー S' の変化は，粒子の配置の場合の数が系の熱力学的重率に等しいとすると，次の式で与えられる。

$$S' = k \ln \frac{N_0!}{n_A! n_B!}$$

N_0 は，アボガドロ数である。スターリングの公式 $\ln x! \approx x - x \ln x$ を用いると，

$$\begin{aligned} S' &= -k[n_A(\ln n_A - \ln N_0) + n_B(\ln n_B - \ln N_0)] \\ &= -kN_0 \left(\frac{n_A}{N_0} \ln \frac{n_A}{N_0} + \frac{n_B}{N_0} \ln \frac{n_B}{N_0} \right) \\ &= -R(x_A \ln x_A + x_B \ln x_B) \end{aligned}$$

理想溶液のエントロピー変化と同じ形式を得る。

ヒルデブラント (Hildebrand) は，混合のエントロピーが理想溶液と等しい溶液を考え，これを正則溶液 (regular solution) と呼んだ。正則溶液においては，混合のエンタルピー変化は，0 である必要はなく，以下のように表わされる。

$$\Delta G_{\text{mix}}^{\text{reg.}} = \Delta H_{\text{mix}}^{\text{reg.}} - T\Delta S_{\text{mix}}^{\text{id.}} \tag{2-24}$$

---

[18] 原子，分子など。
[19] 統計力学的エントロピー S' は，ボルツマンの式 $S' = k \ln \Omega$ によって与えられる。この式は，孤立系において成立する式であり，Ω は，熱力学的重率，k は，ボルツマン定数と呼ばれ，ガス定数 R，アボガドロ数 N_0 とすると，$k = \frac{R}{N_0} = 1.38 \times 10^{-23} [\text{JK}^{-1}]$ である。統計力学的エントロピー S' が，本書で扱う熱力学的エントロピー S と等しいことは，参考図書 [1]，p.200 を参照。

$$\Delta H_{\text{mix}}^{\text{reg.}} = RT(x_A \ln \gamma_A + x_B \ln \gamma_B) \qquad (2\text{-}25)$$

すなわち，正則溶液の混合のエンタルピー変化は，成分の活量係数から求められる。また，部分モルエンタルピー変化は，次の式によって与えられる。

$$\Delta \overline{H}_i^{\text{reg.}} = RT \ln \gamma_i \qquad (2\text{-}26)$$

部分モルエンタルピーの温度依存性がないと仮定すると，活量係数の対数は，温度の逆数に比例する。これは，ある温度での活量係数が既知のとき，他の温度における活量係数を推定するのによく使われる方法である。

例題2-5 温度1000Kにおいて，成分 A の活量係数が2.3であったとき，1200Kにおける活量係数を求めよ。溶液は正則溶液を仮定すること。

［解答］ (2-26) 式より，

$$\frac{\ln \gamma_A(T_1)}{\ln \gamma_A(T_2)} = \frac{T_2}{T_1}$$

$\gamma_A(1000) = 2.3$ を代入して，

$$\frac{\ln 2.3}{\ln \gamma_A(1200)} = \frac{1200}{1000}$$

$\gamma_A(1200) = 0.694$ より，$\gamma_A(1200) = 2.0$ と，計算される。

活量係数の対数が温度の逆数に比例するということは，温度が高くなるにつれて，$\ln \gamma$ が0，すなわち γ が1に近づくということである。これは，高温になるに従って，理想溶液に近くなっていくことを表わしており，正則溶液に限らず，一般の溶液についていえることである。

4 実在溶液

実在溶液の化学ポテンシャルは，(2-19) 式によって表現されるので，成分の活量係数を知ることが重要である。正則溶液では，活量係数は溶液のエンタルピーに関する情報のみを含んでいるが，一般の溶液における活量係数に

は，エンタルピーのみならずエントロピーの情報も含まれている。ここでは活量係数の物理的意味に立ち入らず，活量係数を組成の単純な関数で表わす，マーギュレス (Margules) 展開と呼ばれる方法について解説する。

活量係数の対数 $\ln \gamma_A$ が，$0 \leqq x_B \leqq 1$ の領域で x_B のべき級数で表わされるとすると，$x_B \to 0$，すなわち $x_A \to 1$ のとき，ラウールの法則より，$\gamma_A \to 1$ となるので，右辺のべき級数の定数項は 0 でなくてはならない。

$$RT \ln \gamma_A = A_A x_B + B_A x_B^2 + C_A x_B^3 + \cdots \qquad (2\text{-}27)$$

B についても同様に，

$$RT \ln \gamma_B = A_B x_A + B_B x_A^2 + C_B x_A^3 + \cdots \qquad (2\text{-}28)$$

A_A，B_A などの係数は，温度と圧力のみの関数である。(2-27)，(2-28) 式を，ギブス - デュエムの式に代入し，$x_A + x_B = 1$ を用いて計算し，x_B について整理する。x_B の各次数の項の係数が恒等的に 0 であるという要請から，(2-27)，(2-28) 式における係数相互の関係を求める。ここでは，3 次までの項について計算を行った[20]結果を，次に示す。

$$RT \ln \gamma_A = B_A x_B^2 + C_A x_B^3 \qquad (2\text{-}29)$$

$$RT \ln \gamma_B = \left(B_A + \frac{3}{2} C_A\right) x_A^2 - C_A x_A^3 \qquad (2\text{-}30)$$

さらに，3 次の項を無視するために，$C_A = 0$ とおくと，$B_A = \alpha$ として，次の簡単な形が得られる。

$$RT \ln \gamma_A = \alpha x_B^2 \qquad (2\text{-}31)$$

$$RT \ln \gamma_B = \alpha x_A^2 = \alpha (1 - x_B)^2 \qquad (2\text{-}32)$$

このとき混合のエンタルピー変化は (2-33) 式になる[21]。

---

[20] (2-27)，(2-28) 式の 4 次以上の項を無視して計算を行ったということである。

[21] 無秩序な粒子の配列と，第 1 近接粒子同士の相互作用のみを考えたモデルにおいて，配位数 z，アボガドロ数 N_0，E_{ij} を 2 体間の相互作用エネルギーとしたとき，$\alpha = z N_0 [E_{AB} - \frac{1}{2}(E_{AA} + E_{BB})]$ とおくと，(2-33) 式に対応した式を導くことができる。

$$\Delta H_{\mathrm{mix}} = \alpha x_A x_B^2 + \alpha x_B x_A^2 = \alpha x_A x_B \tag{2-33}$$

混合のエントロピー変化が理想溶液と等しい溶液のうち，(2-31)，(2-32)式で活量係数が書き表わされるものを正則溶液と呼んでいる場合が多いが[22]，ヒルデブラントの定義によれば，狭義の正則溶液といえる[23]。

[補足] 多成分系の希薄溶液に対して，溶質間の相互作用を考慮して溶質の活量を推算する方法が，金属製錬の分野で用いられているので，簡単に説明しておこう。

溶媒を 1，溶質を 2, 3, … としたとき，溶質 2 のラウール基準の活量係数を P, T 一定下，溶質成分濃度 0 のまわりで展開し，1 次の項のみを残すと，次のようになる。

$$\ln \gamma_2 = \ln \gamma_2^o + x_2 \left(\frac{\partial \ln \gamma_2}{\partial x_2} \right)_{x_1=1} + x_3 \left(\frac{\partial \ln \gamma_2}{\partial x_3} \right)_{x_1=1} + \cdots$$

それぞれ 1 次の偏微分項を次のように定義し，相互作用母係数と呼ぶ。

$$\epsilon_2^i = \left(\frac{\partial \ln \gamma_2}{\partial x_i} \right)_{x_1=1}$$

相互作用母係数 ϵ_2^i は，溶質 2 に及ぼす i 成分の影響の程度を表している。成分 2 と i の間に親和力が働くとき，相互作用母係数は負に，反発的な相互作用のときには，正の値を取る。相互作用母係数を用いると，活量係数は次のように書くことができる。

$$\ln \gamma_2 = \ln \gamma_2^o + x_2 \epsilon_2^2 + x_3 \epsilon_2^3 + \cdots$$

厳密にいえば，このようにして得られた活量係数は，溶媒にラウールの法則が成立する範囲内でのみ適用可能である。

鋼鉄製錬の分野では鉄を溶媒とおいて，mass％単位のヘンリー基準の活量係数 f_i が広く用いられており，その場合には相互作用助係数 e_2^i が用いられる。

$$e_2^i = \left(\frac{\partial \log f_2}{\partial [\mathrm{mass}\,\%\,i]} \right)_{x_1=1}$$

このとき，自然対数 ln ではなく，常用対数 log が用いられている点に注意する必要がある。なお，ヘンリー基準なので，$\log f_2^o = 0$ であるから，

---

[22] とくに北米圏ではそのようである。
[23] 混合の自由エネルギー，エンタルピー，エントロピー変化が，$x = 0.5$ で対称になる。

$$\log f_2 = (\text{mass \% 2})e_2^2 + (\text{mass \% 3})e_2^3 + \cdots$$

分析値からただちに活量が計算できるので，便利であるが，詳細については文献を参照されたい[24]。

5 溶液・固溶体の安定性

熱力学においては，不安定な平衡というものは存在しない。したがって，平衡状態が実際に実現しうるか否かは，熱力学的安定性を考えなければならない[25]。等温・等圧下における A - B 2成分系の安定性は，次の式で与えられる。

$$\left(\frac{\partial^2 G}{\partial x_B^2}\right)_{T,P} > 0 \tag{2-34}$$

この条件はまた，次のように書くこともできる。

$$\left(\frac{\partial \mu_B}{\partial x_B}\right)_{T,P} > 0 \tag{2-35}$$

(2-35) 式は，自分自身の濃度が増大すると，化学ポテンシャルも増大することが，安定性の条件であることを示している。物質は，化学ポテンシャルの高い方から低い方に拡散 (diffusion) するので，(2-35) 式はまた，濃度の高い方から低い方に拡散が起こる (down-hill diffusion という) ことを示している。では，その逆のときは，どのような現象が生じるであろうか。

$$\left(\frac{\partial \mu_B}{\partial x_B}\right)_{T,P} < 0 \tag{2-36}$$

このとき，自分自身の濃度が減少すると，化学ポテンシャルが増大する。すなわち，(2-36) 式は，濃度の低い方から高い方に拡散が起こる (up-hill diffusion という) ことを表わしている。

いま，図2-10に示すように，(2-36) 式が成り立つような条件下で，均一な A - B 2成分系のある部分の B 濃度がわずかに減少したとしよう。その結果，

---

[24] 脚注17と同じ文献を参照のこと。
[25] 安定性の詳しい解説は，参考図書 [3]，p. 207，および参考図書 [4]，p. 64。

B の化学ポテンシャルは増加し，B は領域の外に拡散していく．図2-11に示すのは，状態図と，それに対応するギブス自由エネルギー曲線を示したものである．安定性の条件 (2-34) 式から，ギブス自由エネルギーの2回微分が負，すなわち上に凸の領域は不安定な領域であることがわかる．この領域は，自由エネルギー曲線の変極点 P, Q から求めることができ，状態図の一点鎖線の内側に対応している．実合金では，この組成範囲内で，ゆらぎによる連続的な相分離 (スピノーダル分解) が生じるので，図の一点鎖線をスピノーダル (spinodal) 曲線と呼んでいる．

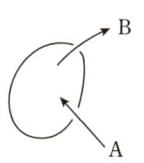

図2-10

多成分系においては，溶質間の相互作用のため，異なる2相間で低濃度から高濃度への拡散が観察されることがある．たとえば，α 相には，溶質 A と親和力を持つ (活量係数を低下させる) 成分を添加し，β 相には，溶質 A と反発的な相互作用を持つ (活量係数を増大させる) 成分を添加した場合，高濃度の α 相における化学ポテンシャルよりも，低濃度の β 相における化学ポテンシャルの方が高くなることがある．このとき，溶質 A の濃度の低い β 相から，濃度の高い α 相への A の拡散が観察される．

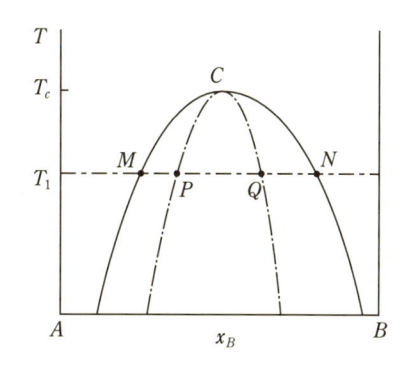

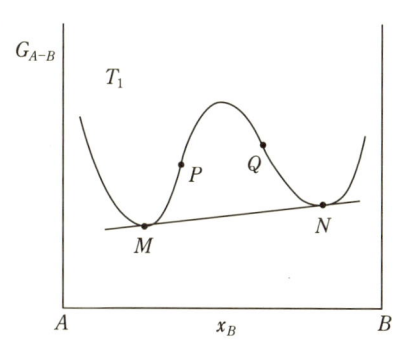

図2-11

第3章

化学平衡

本章では，化学反応の熱力学的取り扱いについて解説する。等圧下において化学反応の向きを決定するのは，反応のギブス自由エネルギー変化である。一方，反応に伴う熱の変化は文字通り熱力学の重要な対象であり，反応のエンタルピー変化によって与えられる。化学反応におけるこれらの熱力学関数の計算法を習得し，実際に数値を求めることができるように練習しよう。

1 反応熱と自由エネルギー変化

1 化学反応式

ν_A モルの A, ν_B モルの B が反応して，ν_P モルの P と ν_Q モルの Q が生成するとき，この化学反応を，以下の化学反応式によって表わすことにする。

$$\nu_A A + \nu_B B = \nu_P P + \nu_Q Q \tag{3-1}$$

ここで A, B は，反応物 (reactant), P, Q は生成物 (product) である。ν は，それぞれの物質の化学量論係数 (stoichiometric coefficient) と呼ばれる。

各物質のモル数を n とすると，反応進行度[1] ξ (extent of reaction) は，次の式で定義される。

$$d\xi = -\frac{dn_A}{\nu_A} = -\frac{dn_B}{\nu_B} = \frac{dn_P}{\nu_P} = \frac{dn_Q}{\nu_Q} \tag{3-2}$$

---
[1] 参考図書 [3], p. 10。

$\xi = 1$ とは，(3 - 1) 式が進行し，ちょうど ν_A モルの A, ν_B モルの B が消滅し，ν_P モルの P と ν_Q モルの Q が生成することを表わす[2]。

2 反応熱

ここでいう反応熱とは，等圧 (通常は 1 atm) 下での化学反応によって，系に発生または吸収される熱をいう。したがって，反応の前後におけるエンタルピー変化 ΔH_R が，反応熱となる。化学反応として (3 - 1) 式を考えると，反応熱は次の式で与えられる。

$$\Delta H_R = (\nu_P H_P + \nu_Q H_Q) - (\nu_A H_A + \nu_B H_B) \tag{3 - 3}$$

ここで注意しなくてはならないのは，エンタルピーは，系に流入する向きを正にとるので，$\Delta H_R > 0$ のとき，吸熱反応 (endothermic reaction)，$\Delta H_R < 0$ のとき，発熱反応 (exthothermic reaction) を表わすということである。

いま，以下の反応が等温・等圧下で進行する場合を考えてみよう。

$$\mathrm{Si(s)} + 2\mathrm{H_2O(g)} = \mathrm{SiO_2(s)} + 2\mathrm{H_2(g)} \tag{3 - 4}$$

この反応のエンタルピー変化 ΔH_R は，(3 - 5) 式で与えられる。

$$\Delta H_R = (H_{\mathrm{SiO_2}} + 2H_{\mathrm{H_2}}) - (H_{\mathrm{Si}} + 2H_{\mathrm{H_2O}}) \tag{3 - 5}$$

(3 - 4) 式の反応は，次の 2 つの反応式を組み合わせることによって得られる。

$$\mathrm{Si(s)} + \mathrm{O_2(g)} = \mathrm{SiO_2(s)} \tag{3 - 6}$$

$$\Delta H_f(\mathrm{SiO_2}) = H_{\mathrm{SiO_2}} - (H_{\mathrm{Si}} + H_{\mathrm{O_2}}) \tag{3 - 7}$$

$$2\mathrm{H_2(g)} + \mathrm{O_2(g)} = 2\mathrm{H_2O(g)} \tag{3 - 8}$$

$$2\Delta H_f(\mathrm{H_2O}) = 2H_{\mathrm{H_2O}} - (2H_{\mathrm{H_2}} + H_{\mathrm{O_2}}) \tag{3 - 9}$$

---

[2] 化学反応速度は $\frac{d\xi}{dt}$ で与えられる。

具体的には，(3 - 6) 式から (3 - 8) 式を引けばよい．これと一緒に，(3 - 7) 式から (3 - 9) 式を引くことで，(3 - 4) 式のエンタルピーを計算することができる．

$$\Delta H_R = \Delta H_f(\mathrm{SiO_2}) - 2\Delta H_f(\mathrm{H_2O}) \qquad (3\text{-}10)$$

以上の計算が可能なのは，エンタルピーが状態量であり，系の最初の状態と最後の状態によってのみ，その変化量が決まるからである．これは，

「もし，継続的反応が等温等圧下で進行するならば，その反応熱はそれぞれの反応熱の総和で与えられる」

というヘス (Hess) の法則によって表現されている．この法則によって，実験室では実際に完結させるのが困難な反応の反応熱を，他の一連の反応熱から求めることが可能になる．

(3 - 7) 式や (3 - 9) 式において，$\Delta H_f(\mathrm{SiO_2})$，$\Delta H_f(\mathrm{H_2O})$ などの表記は，元素の単体から化合物が生成するという意味で用いられており，化合物の生成エンタルピー変化 (enthalpy change of formation) と呼ばれる．反応にあずかる物質すべてが標準状態 (通常純物質) にあるとき，ΔH_f^o と書き，標準生成エンタルピー変化という．

反応熱の温度依存性について説明しよう．温度 T_2 における反応熱 $\Delta H_R(T_2)$ と，温度 T_1 における反応熱 $\Delta H_R(T_1)$ との差は，次の式で与えられる．

$$\Delta H_R(T_2) - \Delta H_R(T_1) = \int_{T_1}^{T_2} \Delta C_P dT \qquad (3\text{-}11)$$

ここで，ΔC_P は，生成物の熱容量の総和と，反応物の熱容量の総和との差を表わし，化学反応式として，(3 - 1) 式を考えれば，(3 - 12) 式で与えられる．

$$\begin{aligned}\Delta C_P = &\{\nu_P C_P(P) + \nu_Q C_P(Q)\} \\ &- \{\nu_A C_P(A) + \nu_B C_P(B)\}\end{aligned} \qquad (3\text{-}12)$$

(3 - 11) 式を，キルヒホッフ (Kirchhoff) の法則という．エンタルピーの絶対値を求めることはできない[3]が，ある基準を決めておくと，その間の差は，反

---

[3] Appendix 3 参照．

応にあずかる各物質の比熱を用いて求めることができる。一般にこの基準値は，298K，1 atm 下において，純物質について定められており，データ表には H_{298}^o として示されている。

さらに，実際のデータ表では，元素のエンタルピーは，$H_{298}^o = 0$ とおくという約束がなされている。この約束に従えば，先の (3 - 7) 式や (3 - 9) 式の右辺第 2 項と 3 項は 0 なので，

$$\Delta H_{f,298}^o(\mathrm{SiO_2}) = H_{298}^o(\mathrm{SiO_2})$$

$$\Delta H_{f,298}^o(\mathrm{H_2O}) = H_{298}^o(\mathrm{H_2O})$$

となる。データ表によって，$\Delta H_{f,298}^o$，ΔH_{298}^o，H_{298}^o など，表記はまちまちであるが，その中身は同じである。

付表 3 に，いくつかの物質の標準生成エンタルピー変化と標準エントロピーが示してある。

例題 3-1 1 atm 下，800K における以下の反応の反応熱を求めよ。

$$\mathrm{Si(s)} + 2\mathrm{H_2O(g)} = \mathrm{SiO_2(s)} + 2\mathrm{H_2(g)}$$

[解答]

$$\Delta H_{298} = \Delta H_{298}(\mathrm{SiO_2(s)}) - 2\Delta H_{298}(\mathrm{H_2O(g)})$$

であるから，付表 3 から 298K における反応熱を求めると，

$$\Delta H_{298} = -910400 - 2 \times (-241810) = -426780 [\mathrm{Jmol^{-1}}]$$

また，反応にあずかる各物質の比熱は，付表 2 から得られる。

$$C_P(\mathrm{Si(s)}) \quad = 23.22 + 3.68 \times 10^{-3}T - 3.81 \times 10^5 T^{-2}$$

$$C_P(\mathrm{H_2O(g)}) = 30.0 + 10.71 \times 10^{-3}T + 0.33 \times 10^5 T^{-2}$$

$$C_P(\mathrm{SiO_2(s)}) = 46.94 + 34.31 \times 10^{-3}T - 11.30 \times 10^5 T^{-2}$$

$$C_P(\mathrm{H_2(g)}) \quad = 27.28 + 3.26 \times 10^{-3}T + 0.5 \times 10^5 T^{-2}$$

これらの値から，ΔC_P を求めると，

$$\Delta C_P = C_P(\mathrm{SiO_2(s)}) + 2C_P(\mathrm{H_2(g)})$$
$$-C_P(\mathrm{Si(s)}) - 2C_P(\mathrm{H_2O(g)})$$
$$= 18.28 + 15.73 \times 10^{-3}T - 7.15 \times 10^5 T^{-2} \,[\mathrm{Jmol^{-1}K^{-1}}]$$

求めるエンタルピー変化 ΔH_R は，

$$\Delta H_R = \Delta H_{298} + \int_{298}^{800} \Delta C_P dT = -426780 + 12006$$
$$\fallingdotseq -414800 \,[\mathrm{Jmol^{-1}}]$$

エンタルピー変化は負なので，発熱反応である。

3 反応のギブス自由エネルギー変化

反応に伴うエントロピー変化 ΔS_R は，エンタルピーの場合と同様にして，以下の式を用いて求めることができる。

$$\Delta S_R = (\nu_P S_P + \nu_Q S_Q) - (\nu_A S_A + \nu_B S_B) \tag{3-13}$$

$$\Delta S_R(T_2) - \Delta S_R(T_1) = \int_{T_1}^{T_2} \frac{\Delta C_P}{T} dT \tag{3-14}$$

通常われわれは，等温・等圧下の反応を考察するので，ギブス自由エネルギーを問題にする必要がある。反応のギブス自由エネルギー ΔG_R は (3-15) 式で書けるので，

$$\Delta G_R = \Delta H_R - T\Delta S_R \tag{3-15}$$

反応のエンタルピー変化と，エントロピー変化を知ることによって，反応のギブス自由エネルギー変化を求めることができる。

もし，0 K における反応のエントロピー変化の絶対値が既知であれば，(3-16) 式を用いて，温度 T における反応のエントロピー変化を求めることが可能と

なる。これは，比熱，反応熱(反応のエンタルピー変化)，変態熱などの，熱測定だけから反応の自由エネルギー変化が求められることを意味する。

$$\Delta S_R(T) - \Delta S_R(0) = \int_0^T \frac{\Delta C_P}{T} dT \qquad (3-16)$$

ネルンスト (Nernst) は，化学反応のギブス自由エネルギー変化が，低温になるにつれて反応のエンタルピー変化と漸近的に等しくなるという実験結果から，

「**完全な結晶性固体[4]の間で起こる可逆反応[5]のエントロピー増加は，$T = 0$ (絶対零度)で，0 になる**」

という，ネルンストの熱定理を提唱した。その後，プランク (Plank) によって，「すべての完全な結晶性固体のエントロピーは，$T = 0$(絶対零度)で，0になる」と，言い換えられた。この仮定を熱力学第3法則という。また，この法則は「いかなる系の温度も絶対零度まで下げることはできない」[6]ことを意味している。

プランクの主張は，統計力学の領域に属するものであって，熱力学の立場からいえば，経験法則としての熱力学第3法則は，可逆反応にあずかる物質のエントロピー差が，絶対零度で0になること，すなわち絶対零度に近づくにつれて，物質のエントロピーがその集合状態によらず一定の値に近づくことを主張するのみである。付表3に示されている標準エントロピーは第3法則にもとづいて求められた値であり，絶対値である。

実際の反応の自由エネルギー変化は，熱測定のみから求められるのではなく，化学平衡や起電力測定などから求められる場合も多い。純物質の生成ギブス自由エネルギー変化は，データ集にまとめられており，(3-17)式のような温度の関数として与えられている[7]。

---

[4] 真の熱平衡状態にある結晶をさす。
[5] 可逆電池などを考えるとよい。
[6] E. A. Guggebheim, *Thermodynamics*, Interscience Publishers Inc., 1949, p. 161.
[7] データの数値そのものが表にまとめられているものも多い。また，熱力学計算のためのソフトウェアも，数多く発売されている。

$$\Delta G^o = A + BT \ln T + C \tag{3-17}$$

　ギブス自由エネルギーは状態量なので，系の最初の状態と最後の状態によってのみ，その変化量が決まる．したがって，エンタルピーの場合と同様に，いくつかの反応式を組み合わせ，求める反応式を作ることによって，その値を求めることができる．付表4に，いくつかの反応の標準ギブス自由エネルギー変化をまとめた．

例題 3-2 800Kにおける以下の反応の標準自由エネルギー変化を求めよ．

$$\mathrm{Si(s) + 2H_2O(g) = SiO_2(s) + 2H_2(g)}$$

［解答］次の2つの反応式を考え，標準ギブス自由エネルギー変化を，付表4から求めると，

$$\mathrm{Si(s) + O_2(g) = SiO_2(s)}$$

$$\Delta G^o = -902070 + 173.6T \mathrm{[Jmol^{-1}]}$$

$$\mathrm{H_2(g) + O_2(g) = H_2O(g)}$$

$$\Delta G^o = -246440 + 54.81T \mathrm{[Jmol^{-1}]}$$

上の式から下の式の2倍を引くと，求める反応の自由エネルギー変化が得られる．

$$\Delta G^o_R = -409190 + 63.98T \mathrm{[Jmol^{-1}]}$$

$T = 800\mathrm{K}$ を代入して，$\Delta G^o_R = -358000 \mathrm{[Jmol^{-1}]}$ を得る．

2 化 学 平 衡

1 化学平衡の概念

(3-1) 式の反応式を考えよう．

$$\nu_A A + \nu_B B = \nu_P P + \nu_Q Q$$

この反応式が平衡であるための条件は，反応のギブス自由エネルギー変化が0，すなわち，

$$\Delta G_R = 0 \tag{3-18}$$

である。

ここで，閉鎖系において反応が平衡にあるとき，ある作用を加えて平衡状態を乱した場合に生ずる変化について次の原理が成り立つ。

ル・シャトリエ - ブラウン (Le Chatlier-Braun) **の原理：「熱力学系はそれに加えられたどのような変化に対しても，その効果を打ち消してやわらげようとする」**。

このセンスを身につけておくと，瞬時の判断に役立つ。たとえば，一定圧力下で吸熱反応を進めるには，温度を上げてやればよい。

例題 3-3 1000K において以下の反応の平衡を右に移動させるには，どのようにしたらよいか。

$$C(s) + H_2O(g) = CO(g) + H_2(g)$$

[解答] 例題 3-1 と同様の方法で，反応のエンタルピー変化を計算すると，$\Delta H_R > 0$ であることがわかる。すなわち上記の反応は吸熱反応であるから，平衡を右に移動させるには温度を上げればよい。また，この反応は，1モルの気体から2モルの気体が生成する反応である。圧力を上げると，体積が減少する方向に反応が進行して，その変化を緩和しようとする。反応を右向きにするには逆に圧力を下げればよい。

反応にあずかる物質の化学ポテンシャルを用いて，反応のギブス自由エネルギー変化を書き表わしてみよう。

$$\Delta G_R = (\nu_P \mu_P + \nu_Q \mu_Q) - (\nu_A \mu_A + \nu_B \mu_B) \tag{3-19}$$

ここで，$\mu_i = \mu_i^o + RT \ln a_i$ より，

$$\begin{aligned}\Delta G_R = &(\nu_P \mu_P^o + \nu_Q \mu_Q^o) - (\nu_A \mu_A^o + \nu_B \mu_B^o) \\ &+ RT(\nu_P \ln a_P + \nu_Q \ln a_Q) \\ &- RT(\nu_A \ln a_A + \nu_B \ln a_B)\end{aligned} \tag{3-20}$$

純物質では，$G_i^o = \mu_i^o$ なので，反応の標準ギブス自由エネルギー変化は，次のように書ける．

$$\Delta G_R^o = (\nu_P \mu_P^o + \nu_Q \mu_Q^o) - (\nu_A \mu_A^o + \nu_B \mu_B^o) \tag{3-21}$$

したがって，平衡の条件は (3-22) 式で与えられる．

$$\begin{aligned}\Delta G_R = &\Delta G_R^o + RT(\nu_P \ln a_P + \nu_Q \ln a_Q) \\ &- RT(\nu_A \ln a_A + \nu_B \ln a_B) = 0\end{aligned} \tag{3-22}$$

(3-22) 式において注意すべきは，平衡の条件は $\Delta G_R = 0$ であって，必ずしも $\Delta G_R^o = 0$ ではないということである．データ表から求められた ΔG_R^o の値は，標準状態にある物質の反応についてのものであることに注意しなくてはならない．すなわち，ΔG_R^o では，純物質と，1 atm の気体の反応を考えているにすぎない．したがって，ΔG_R^o の正負で，反応の自発的変化の方向を判断するのも誤りである．あくまで，ΔG_R で，判断しなくてはならない．たとえば，(3-22) 式において，生成物 P, Q の活量 (または分圧) を，著しく低くすることができれば，$\Delta G_R^o > 0$ であっても，$\Delta G_R < 0$ とすることができ，反応を右に進行させることができる．ΔG_R^o の計算に習熟することも大事だが，ル・シャトリエ - ブラウンの原理を身につけることの方がより大切である[8]．

---

[8] 市販のソフトウェアを用いて熱力学計算をする場合はとくにそうである．

2 平衡定数

(3 - 22) 式を変形すると，次の関係式を得る。

$$\Delta G_R^o = -RT \ln \frac{a_P^{\nu_P} a_Q^{\nu_Q}}{a_A^{\nu_A} a_B^{\nu_B}} \qquad (3\text{-}23)$$

ここで，平衡定数 K を，(3 - 24) 式で定義する。反応にあずかる物質が気体の場合には，活量の代わりに，atm を単位にしたときの分圧で，また圧力単位が [Pa] のときは，分圧を 1.0133×10^5 で割ったものを用いればよい[9]。平衡定数が大きいほど，反応は右に進みやすいことを示している。

$$K = \frac{a_P^{\nu_P} a_Q^{\nu_Q}}{a_A^{\nu_A} a_B^{\nu_B}} \qquad (3\text{-}24)$$

反応の標準ギブス自由エネルギー変化と平衡定数の関係は，(3 - 25) 式で与えられる。

$$\Delta G_R^o = -RT \ln K \qquad (3\text{-}25)$$

この (3 - 25) 式は，実用上非常に重要な式であり，さまざまな化学平衡に関する問題を取り扱う際に必要となる。

ここで，平衡定数の温度および圧力依存性について調べてみよう。

(3 - 25) 式の両辺を，P 一定下で $\frac{1}{T}$ について微分すると，

$$\left(\frac{\partial \ln K}{\partial \frac{1}{T}} \right)_P = -\frac{\Delta H_R^o}{R} \qquad (3\text{-}26)$$

発熱反応では $\Delta H_R^o < 0$ なので，右辺は正になる。したがって $\frac{1}{T}$ が増大すると，K は増大する。すなわち，発熱反応では温度が低いほど平衡は右に進む。これは，温度が下がるという系に加えられた変化に対して，その変化を打ち消すために，反応が右に進行して熱が発生すると解釈することができる。吸熱反応の場合はその逆である。

圧力依存性については，

---

[9] もちろん，理想気体近似が成り立つ場合である。高圧の場合にはフガシティーを用いなくてはならない。

なので，次の関係式が得られる。

$$\left(\frac{\partial G}{\partial P}\right)_T = v$$

$$\left(\frac{\partial \ln K}{\partial P}\right)_T = -\frac{\Delta v^o}{RT} \tag{3-27}$$

ここで，$\Delta v^o = (\nu_P v_P^o + \nu_Q v_Q^o) - (\nu_A v_A^o + \nu_B v_B^o)$ である。反応によって，体積が減少する ($\Delta v^o < 0$) ときは，右辺が正になるので，圧力を上げると K が増大し，反応は右に進む。圧力上昇という変化に対して，その変化を打ち消すために体積が減少する方向に反応が進むと考えられる。温度，圧力に対する平衡定数の変化を考えると，いずれもル・シャトリエ - ブラウンの原理に従っていることがわかる。

3 化学平衡の計算

材料科学では，異相間の平衡が重要になることが多い。化学平衡の実際の計算方法について，ここで解説しよう。

① 対象とする系における支配的な化学反応を決定する。一見簡単で自明のようであるが，複数の相と多くの成分からなる系においては，最も重要であり，かつ難しい作業である。詳細な実験，観察そして直観が必要である。

② データ表から得られた標準ギブス自由エネルギー変化を組み合わせて，反応の標準ギブス自由エネルギー変化を求める。(3-25)式によって，平衡定数の値が計算できる。

③ 反応にあずかる成分の活量や分圧を見積もる。

④ 平衡定数に既知の値を代入して，未知の項を計算する。

例題3-4 Cu-5mass％Zn 合金の Zn の活量係数が，次の式で与えられているとき 650K で合金が酸化しないためには，H_2 ガス中の H_2O をどのような濃度にしたらよいだろうか。ただし，酸化物は純物質として生成するものとする。

$$RT \ln \gamma_{Zn} = -38300 x_{Cu}^2 \quad{}^{10}$$

[解答] 上の①〜④の手順を追って，計算してみる．

① 後に解説するエリンガム図を参照すると，Zn のほうが Cu よりもはるかに酸化されやすいので，支配的な化学反応を以下のように推定する．

$$Zn(s) + H_2O(g) = ZnO(s) + H_2(g)$$

② データ表より，必要な標準ギブス自由エネルギー変化を求め，反応の標準ギブスエネルギー変化を計算した後，平衡定数を求める．

$$Zn(s) + \frac{1}{2}O_2(g) = ZnO(s)$$

$$\Delta G^o = -351900 - 12.5T \ln T + 184.7T \,[\mathrm{Jmol^{-1}}]$$

$$H_2(g) + \frac{1}{2}O_2(g) = H_2O(g)$$

$$\Delta G^o = -246440 + 54.81T \,[\mathrm{Jmol^{-1}}]$$

これらの反応を組み合わせることによって，求める反応の標準ギブス自由エネルギー変化を計算することができる．

$$Zn(s) + H_2O(g) = ZnO(s) + H_2(g)$$

$$\Delta G_R^o = -105460 - 12.5T \ln T + 129.89T \,[\mathrm{Jmol^{-1}}]$$

ここに $T = 650\mathrm{K}$ を代入して，ΔG_R^o を計算し，(3 - 25) 式に代入して，平衡定数 $K = 8.36 \times 10^5$ を得る．

③ 既知の成分の活量を推定する．

仮定より $a_{ZnO} = 1$ を考慮して，

$$K = \frac{a_{ZnO} P_{H_2}}{a_{Zn} P_{H_2O}} = \frac{1}{a_{Zn}} \left(\frac{P_{H_2}}{P_{H_2O}} \right)$$

---

[10] この式は，本来液体合金についてのものであるが，ここでは，固体にも適用できるものとして扱うことにする．

である。

一方，Cu-5mass％Zn のモル分率は，
$$x_{Zn} = \frac{\frac{5}{65.4}}{\frac{5}{65.4} + \frac{95}{63.5}} = 0.0486$$
したがって，$x_{Cu} = 1 - x_{Zn} = 0.951$ なので，
$$\ln \gamma_{Zn} = \frac{-38300 \times (0.951)^2}{8.3145 \times 650} = -6.41$$
$\gamma_{Zn} = 1.65 \times 10^{-3}$ なので，$a_{Zn} = 8.02 \times 10^{-5}$ と計算される。

④ ③で求めた結果を代入すると，
$$K = \frac{1}{8.02 \times 10^{-5}} \left(\frac{P_{H_2}}{P_{H_2O}} \right) = 8.36 \times 10^5$$
$$\left(\frac{P_{H_2}}{P_{H_2O}} \right) = 67.0$$

H_2 と H_2O の分圧の比が，この値よりも大きければ Zn の酸化は起きないことがわかる。分圧比と濃度比は等しいので，H_2O 濃度を求めると，1.47％以下という結果が得られる。

念のため，Cu についても以下の反応を考えて同様の計算をしてみると，この条件での Cu の酸化はないことがわかる[11]。

$$2Cu(g) + H_2O(g) = Cu_2O(s) + H_2(g)$$

例題 3-5 図 3-1 に示すような構造の酸素濃淡電池 (oxygen concentration cell) がある。電池の起電力 E と，両側の電極の酸素分圧との関係を求めよ。

［解答］ 一般に，化学反応のエネルギーを電気的仕事に変えるものを電池というが，電池から取り出すことのできる最大の仕事量は，ギブスの自由エネルギー変化に等しい。したがって，電池の起電力を E として，1 モルの n 価のイオンが，化学反応によって変化したとすれば，電気的な仕事は nFE なので，

---

[11] 各自試みられたい。

図 3-1

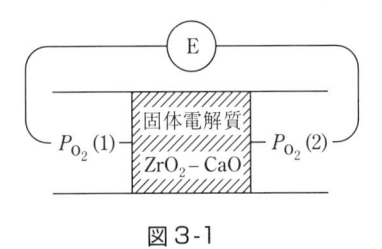

$$\Delta G = -nFE \tag{3-28}$$

と書くことができる。ここで F はファラデー (Farady) 定数であり，

$$1F = 96500[\text{C eq.}^{-1}]$$

である。なお，eq. は，当量を意味している。図中の $\text{ZrO}_2 - \text{CaO}$ は，固体電解質と呼ばれ，酸素イオンの導体である。

$$P_{\text{O}_2}^{(1)} > P_{\text{O}_2}^{(2)}$$

のとき，電極 (1) では，

$$\text{O}_2 + 4e^- = 2\text{O}^{2-} \qquad (正極)$$

電極 (2) では，

$$2\text{O}^{2-} = \text{O}_2 + 4e^- \qquad (負極)$$

の反応が起きる。すなわち，1 モルの O_2 ガスが反応したとき $n = 4$ となり，電気的仕事は (3-29) 式で表わされる。

$$\Delta G = -4FE \tag{3-29}$$

一方，この反応は全体でみれば $\text{O}_2(1) = \text{O}_2(2)$ とも書くことができるので，反応の自由エネルギー変化は，

$$\Delta G = \mu_{\text{O}_2}^{(2)} - \mu_{\text{O}_2}^{(1)} \tag{3-30}$$

と書くことができる。O_2 ガスが理想気体であるとすると，

$$\Delta G = RT \ln \frac{P_{O_2}^{(2)}}{P_{O_2}^{(1)}} \tag{3-31}$$

したがって，(3-32) 式が得られる。

$$E = -\frac{RT}{4F} \ln \frac{P_{O_2}^{(2)}}{P_{O_2}^{(1)}} \tag{3-32}$$

(3-32) 式は，ネルンスト (Nernst) の式といわれ，電気化学における重要な式である。

3 化学ポテンシャル状態図

第1章において，一般に物質が安定に存在する領域を示強性変数の空間に表示したものを，状態図と呼ぶことを述べた。広く用いられている状態図は，組成が主たる変数として記述されているものである。一方，熱力学関数から直接得られる情報を用い，異相間の化学平衡を，反応の駆動力となる化学ポテンシャルを軸として図示すると，さまざまな問題を理解することができるといわれている[12]。

ここでは，化学ポテンシャル状態図 (chemical potential diagram) の1つであるエリンガム図と，具体的な化学ポテンシャル状態図の作り方について解説する。

1 エリンガム図

ある元素 M が，1モルの酸素と反応し，酸化物 M_mO_n を生成する反応を一般的に書くと，m, n を整数として，(3-33) 式となる。

---

[12] 増子昇「化学ポテンシャル状態図の作り方使い方」電気化学，Vol. 38, No. 2～4, 1970, なお，電位 −pH 図も化学ポテンシャル状態図の1つである。

$$\frac{2m}{n}\mathrm{M} + \mathrm{O}_2 = \frac{2}{n}\mathrm{M}_m\mathrm{O}_n \tag{3-33}$$

(3-33) 式の反応の標準ギブス自由エネルギー変化と，温度との関係を示したものが，エリンガム図 (Ellingham diagram) といわれる図である (図3-2)。

平衡状態にある物質とその酸化物が，ともに純物質である場合，それらを標準状態にとると，$a_\mathrm{M} = 1$，$a_{\mathrm{M}_m\mathrm{O}_n} = 1$ であるので，雰囲気中の平衡酸素分圧 P_{O_2} は，(3-34) 式で与えられる。

$$\Delta G^o = RT \ln P_{\mathrm{O}_2} \tag{3-34}$$

ここで，第2章で述べたように，酸素ガスを理想気体で近似し，標準状態を 1 atm にとれば，酸素ガスの化学ポテンシャル μ_{O_2} は (3-35) 式になる。

$$\mu_{\mathrm{O}_2} = RT \ln P_{\mathrm{O}_2} \tag{3-35}$$

すなわち，エリンガム図における縦軸は，反応の標準ギブス自由エネルギー変化を示すのと同時に，金属－酸化物と平衡する酸素の化学ポテンシャルを表わしている。したがって，エリンガム図は，化学ポテンシャル状態図であることがわかる。

図3-2を見てわかるように，元素 M の種類が異なっても，ほとんど同じ傾きの直線群で表わされている。これは，酸化反応によって気体の酸素1モルが消失する際のエントロピー変化が支配的であることによる[13]。

エリンガム図では，図の下方にある元素の方が，酸素との親和力が大きく，酸化されやすい。一般的に下方の元素は還元剤として，また，上方の元素の酸化物は酸化剤として用いられるので，下方にある元素を用いて，上方の元素の酸化物を還元することができる。テルミット (thermit) 法として有名な (3-36) 式の反応は，この原理を応用したものである。

$$2\mathrm{Al} + \mathrm{Fe}_2\mathrm{O}_3 = 2\mathrm{Fe} + \mathrm{Al}_2\mathrm{O}_3 \tag{3-36}$$

---

[13] 佐野信雄「エリンガム図と化学ポテンシャル状態図」ふぇらむ, Vol. 1, No. 11, 1996。

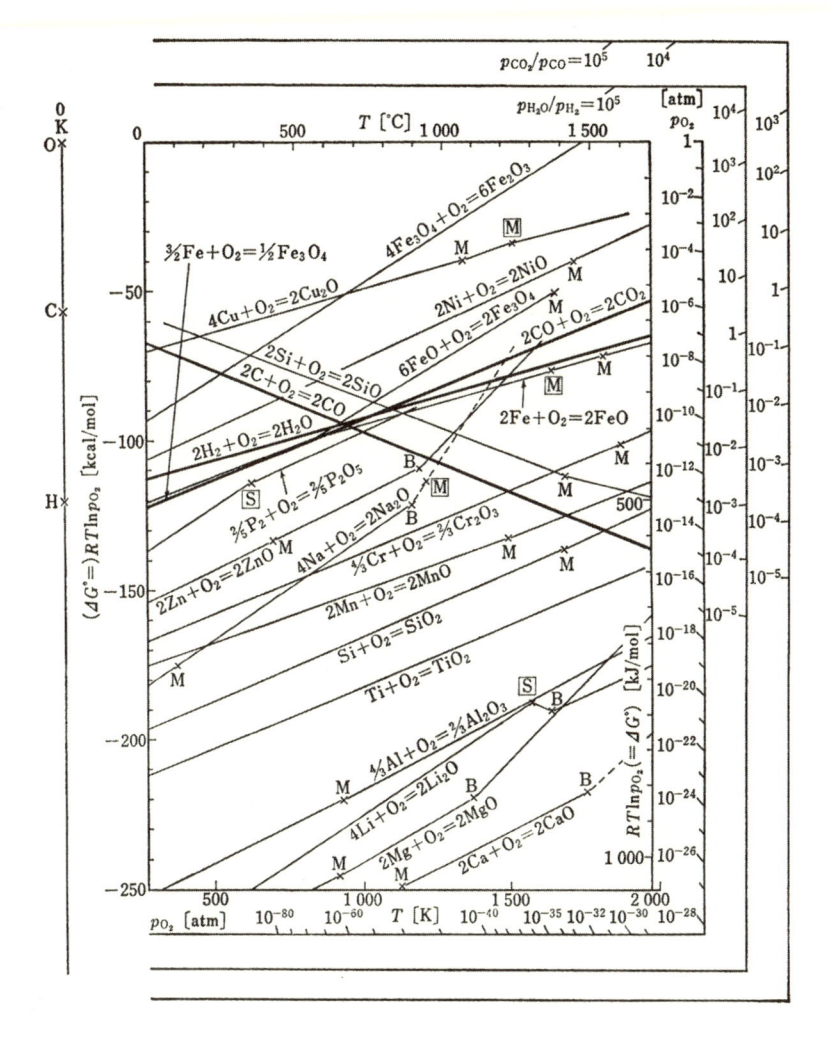

図 3-2

出典：日本鉄鋼協会編『鉄鋼便覧I』丸善, 1981。

図中の任意の点における P_{O_2} の具体的な値を求めるには，図左端の軸上の O 点とその点とを結び，図の外側の P_{O_2} と書かれた軸との交点の値を読み取ればよい。この P_{O_2} の値を与える H_2 - H_2O 混合ガスの組成を求めるには，

第3章 化学平衡 61

図中の H 点とその点とを結び，P_{H_2O}/P_{H_2} 比と書かれた軸との交点の値を読めばよい。また，CO - CO_2 混合ガスの組成は，図中の C 点と，P_{CO_2}/P_{CO} 比と書かれた軸を用いて，同様の方法で求めることができる。このような混合ガスの与える酸素分圧は，$H_2 + \frac{1}{2}O_2 = H_2O$ および $CO + \frac{1}{2}O_2 = CO_2$ という反応によって決定される。実際に系の酸素分圧を一定に保つために，これらの混合ガスが用いられているが，その理由は，ガスの持つ緩衝作用である。外乱によって系の酸素分圧が変動したとしても，反応が右または左に進む (ル・シャトリエ・ブラウンの原理) ので，系の酸素分圧は一定に保たれる。

2 化学ポテンシャル状態図の作り方

エリンガム図は，縦軸と横軸に共通の変数 T を含んでいるが，一般に T を分けて示す方が便利な場合が多い。通常は常用対数 log を用いて，$\log P_{O_2}$ と $\frac{1}{T}$ を軸として表わされる。もちろん，化学ポテンシャル状態図は，酸化物だけでなく，O_2 を Cl_2 や S_2 に代えることによって，塩化物や硫化物などの系にも応用することができる。

Cu-O 系を例にとって，次の①〜⑤の手順で，化学ポテンシャル状態図を実際に作ってみよう。

① 計算する範囲を決める。

ここでは，常温から銅の融点 1356K 以下を考えることとする。

② 存在する物質を推定する。

この場合には，Cu(s)，Cu_2O(s)，CuO(s) の 3 つの物質を考える。

③ 各物質間の反応を考え，その標準ギブス自由エネルギー変化を求める。

Cu(s) − Cu_2O(s) 間の反応

$$2Cu(s) + \frac{1}{2}O_2(g) = Cu_2O(s)$$

$$\Delta G_R^o = -166500 + 70.63T [\text{Jmol}^{-1}]$$

Cu_2O(s) − CuO(s) 間の反応

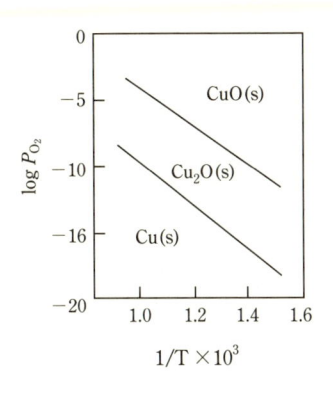

図 3-3

$$Cu_2O(s) + \frac{1}{2}O_2(g) = 2CuO(s)$$

$$\Delta G_R^o = -146200 - 11.08T\ln T + 185.4T \,[\mathrm{Jmol^{-1}}]$$

④ 酸素分圧と，温度の関係式を導く

(3 - 25) 式を用いれば，Cu(s) − Cu$_2$O(s) 間の反応の平衡は，

$$\ln \frac{a_{Cu_2O}}{a_{Cu}^2 P_{O_2}^{\frac{1}{2}}} = -\frac{\Delta G_R^o}{RT}$$

ここで，各物質の活量を決め，その値を代入して計算し，$\log P_{O_2}$ について整理すればよい[14]。すべて純物質と考えれば，Cu，Cu$_2$O，CuO の活量はいずれも 1 となるので，$\Delta G_R^o = -RT\ln K$ の両辺を RT で除して計算すると，酸素分圧が温度の関数として与えられる。

Cu(s) − Cu$_2$O(s)：

$$\log P_{O_2} = \frac{-17400}{T} + 7.38 \qquad (3\text{-}37)$$

Cu$_2$O(s) − CuO(s)：

$$\log P_{O_2} = \frac{-15300}{T} - 1.16\ln T + 19.4 \qquad (3\text{-}38)$$

⑤ 図を描く

---

[14] ln を log にするには，$\ln 10 \approx 2.303$ で除せばよい。

第 3 章 化学平衡　63

(3 - 37)式および，(3 - 38)式によって，金属および2種類の酸化物の安定領域を，温度と雰囲気の酸素分圧の平面上に表示することができる。例題3 - 4の条件下でのCuの安定領域も，本図を用いると簡単に求めることができる。

なお，2成分系の自由度を計算すると，$f = 2 + 2 - p = 4 - p$となる。上述の化学ポテンシャル状態図においては，化学ポテンシャルの算出に際して，標準状態の圧力を一意的に決めている。これは系の圧力を指定したことに相当しているので，化学ポテンシャル状態図における自由度は$f = 3 - p$となる。したがって，1相の領域は自由度2の平面，2相共存領域は自由度1の線，3相共存は自由度0の点で表現される。

第 4 章

界面・表面の熱力学

　マテリアルサイエンスにおける熱力学の主要な課題は，異相間の不均一平衡および化学平衡を理解し，これを明らかにすることである。異なった相の境界は，界面と呼ばれている。現実の材料に見られる界面は複雑な形状をしている場合が多い。実際にわれわれが扱う材料が，本質的に多くの相からなる不均質なものである以上，界面についての考察は重要である。熱力学では，仮想的な界面のモデルを作り，さまざまな熱力学関係式を導いている。界面の問題は，原子・分子レベルでのアプローチも多くなされているが，本章では，熱力学で取り扱える範囲に限定して解説した。

1 界面の熱力学的性質

1 ギブスの区分界面

　異なる相と相とをへだてるものを，界面 (interface) と呼ぶ。通常の界面とは，種々の物理的な性質 (巨視的な性質) が，連続的に変化している領域であると考えることができる。したがって，界面領域はある厚みを持っているはずである。
　ここで界面に関する取り扱いを簡単にするために，図 4-1 に示すように，界面領域 σ の内部に，正確に定義された仮想的な幾何学的界面を導入する。これをギブスの区分界面 (dividing surface) という。このような界面を導入することによって，物理量は，図 4-2 のように界面で不連続に変化することになる。材料科学の多くの分野で，このような不連続な物理量のプロフィールを

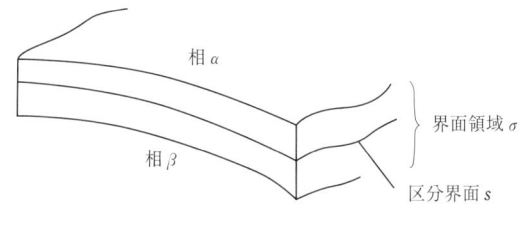

図 4-1

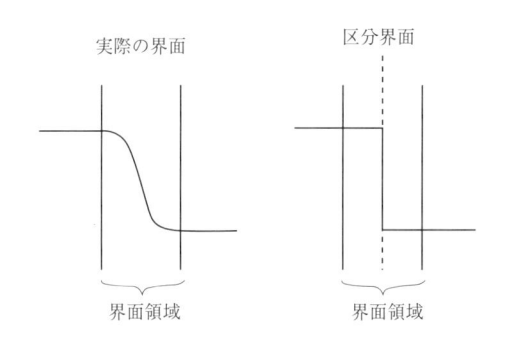

図 4-2

見ることがあるが，暗黙のうちにギブスの区分界面モデルを仮定している場合が多い。

区分界面の存在を仮定したとき，界面領域を持った実際の系と，α 相と β 相とが完全に均質であるような仮想系との間の熱力学諸量の差を，界面の熱力学量と定義する。すなわちバルク (母相) よりも過剰な分が界面領域に存在し，仮想的な界面がそれらの物理量を有していると，考えるわけである。

界面の持つ内部エネルギーを U^σ，エントロピーを S^σ と書くことにする。これらは，モルあたりという概念では表わせないので，示量性の変数として取り扱うこととする。また，バルクよりも過剰に界面に存在する i 成分の単位界面積あたりのモル数を界面過剰濃度[1] Γ_i で表わす。

---

[1] この場合の濃度は，単位面積あたりのモル数という意味での濃度である。

図 4-3

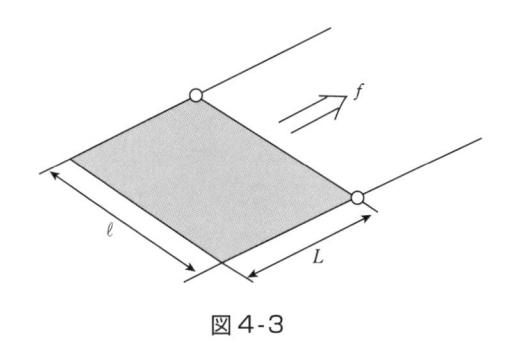

2 表面張力

図 4-3に示すように，針金で作った枠に石けん液で膜を作り，これをゆっくりと右に引っ張ることで膜を広げることを考えよう．このとき，膜を広げる力を f とおくと，この値のからの単位長さあたりの大きさを表面張力 (surface tention) γ とすれば，その値は

$$\gamma = \frac{f}{2l}$$

で与えられる[2]．いま，ΔL だけ膜を伸ばしたとき，膜になした仕事は $f\Delta L$ なので，単位面積あたりの仕事は，

$$\frac{f\Delta L}{2l\Delta L} = \gamma$$

と計算される．すなわち表面張力 γ は，単位面積の界面を作るための等温仕事である．

平らな界面については，圧力に代わる機械的仕事として表面張力による仕事を考えれば，圧力 P が表面張力 γ に，体積 V が面積 a に対応する．系が外界に対してなす仕事を正にとる約束に注意すれば，仕事 PV に対応して $-\gamma a$ が表面張力による仕事になる．

したがって，ギブスの式に相当する式として，

---

[2] 図 4-3では石けん膜の表と裏の両側があるので 2 で除している．

$$dU^\sigma = TdS^\sigma + \gamma da + \sum_{i=1}^{c} \mu_i dn_i^\sigma \tag{4-1}$$

が，与えられる[3]。

また，界面のヘルムホルツ自由エネルギー F^σ，ギブス自由エネルギー G^σ は，次のように書ける。

$$F^\sigma = U^\sigma - TS^\sigma \tag{4-2}$$

$$dF^\sigma = -S^\sigma dT + \gamma da + \sum_{i=1}^{c} \mu_i dn_i^\sigma \tag{4-3}$$

$$G^\sigma = U^\sigma - TS^\sigma - \gamma a \tag{4-4}$$

$$dG^\sigma = -S^\sigma dT - ad\gamma + \sum_{i=1}^{c} \mu_i dn_i^\sigma \tag{4-5}$$

ギブス-デュエム式に相当する式として，

$$d\gamma + \frac{S^\sigma}{a}dT + \sum_{i=1}^{c} \Gamma_i d\mu_i = 0 \tag{4-6}$$

が，得られる。ここで，$\Gamma_i = n_i^\sigma/a$ である。

例題 4-1 図 4-4(a) に示すような，平板上の液滴を考えよう。気体を 1，液体を 2，固体を 3 としたとき，各相間の界面張力 γ_{12}, γ_{13}, γ_{23} の間の関係を求めよ。

[解答] 図 4-4(a) において，2 と 3 の界面積が Δa だけ増えたとしよう。このとき，1 と 3 の界面積は Δa 減少し，1 と 2 の界面積が $\Delta a \cos\theta$ 増大する[4]。したがって，この変化におけるギブス自由エネルギー変化は，次のように表わせる。

$$\Delta G = \gamma_{23}\Delta a - \gamma_{13}\Delta a + \gamma_{12}\Delta a \cos\theta$$

---

[3] 界面領域とバルクの化学ポテンシャルは等しいので，$\mu_i^\sigma = \mu_i$ である。
[4] A. W. Adamson, *Physical Chemistry of Surfaces*, Wiley-Interscience, 1990.

図 4-4

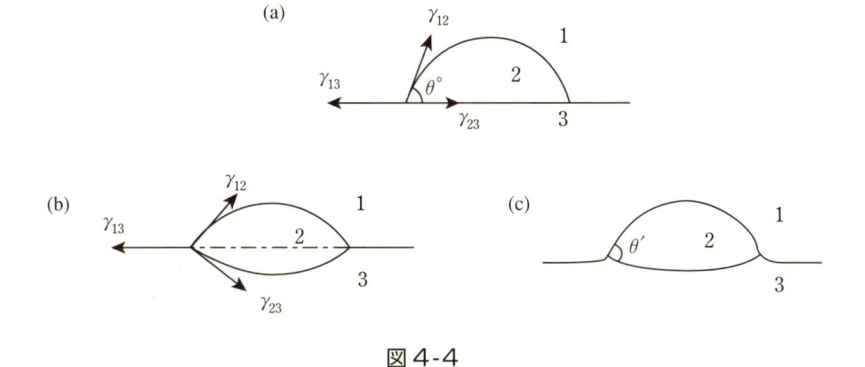

ここで平衡状態 $\theta = \theta°$ では，$\Delta G = 0$ なので，

$$\gamma_{23} - \gamma_{13} + \gamma_{12} \cos \theta° = 0$$

この式をヤング (Young) の式という．このとき $\theta°$ を接触角 (contact angle) といい，上述の議論からわかるように，熱力学から導かれる量である．

　ヤングの式の別の解釈は，γ を張力と考えて，水平方向の力の釣り合いを考えるものである．では，鉛直方向の力の釣り合いはどのようになっているであろうか．(a) の図を見る限り，明らかに鉛直方向の力は釣り合っていない．ところで，(b) に示すような 1，2，3 が異なる 3 種類の液体である場合を考えてみよう．このときには平衡な状態では，3 つの張力は水平方向成分，鉛直方向成分ともに釣り合っている．したがって，(a) のように変形が難しい固体が存在する場合には，鉛直成分は固体表面における局所的な大きな応力と釣り合っていると考える必要がある．その結果，(c) のように，弾性変形や塑性変形などの界面の変化が生じる場合があり，このような応力緩和効果によって，一般に $\theta° \geqq \theta'$ となるといわれている[5]．このことから，われわれが日常

---

[5] J. イスラエルアチヴィリ (近藤保ら訳)『分子間力と表面力』[第 2 版] 朝倉書店，1996，p. 313．

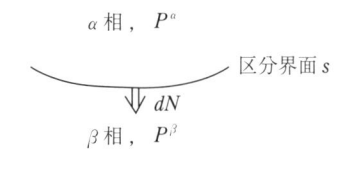

```
    α 相, Pᵅ
  ⌢
    ⇓ dN        区分界面 s
    β 相, Pᵝ
```

図 4 - 5

観察する固体表面の液滴は，実は完全な平衡には達していない場合が多いことがわかる。

3 ラプラスの式

図 4 - 5 に示すように，界面が平面から dN だけ動いた位置で平衡するときの条件を求めてみよう。

力学的平衡条件は

$$\gamma da = P^\alpha dV^\alpha + P^\beta dV^\beta \tag{4-7}$$

で表わされるので，α 側から測った主曲率を c_1, c_2 とすると[6]，界面積の変化 da，および体積変化 dV は，次のように書ける。

$$da = (c_1 + c_2) a dN \tag{4-8}$$

$$dV^\alpha = -dV^\beta = a dN \tag{4-9}$$

(4 - 7) 〜 (4 - 9) 式より，

$$\gamma(c_1 + c_2) = P^\alpha - P^\beta \tag{4-10}$$

$\Delta P = P^\alpha - P^\beta$ とし，曲率半径 r_1, r_2 を用いて書きなおせば，図 4 - 6 のような，曲率を持った界面に対して

$$\Delta P = \gamma \left(\frac{1}{r_1} + \frac{1}{r_2} \right) \tag{4-11}$$

---

[6] 図 4 - 6 に示すように，曲率半径を r_1, r_2 とすれば $c_1 = \frac{1}{r_1}$, $c_2 = \frac{1}{r_2}$ である。

図4-6

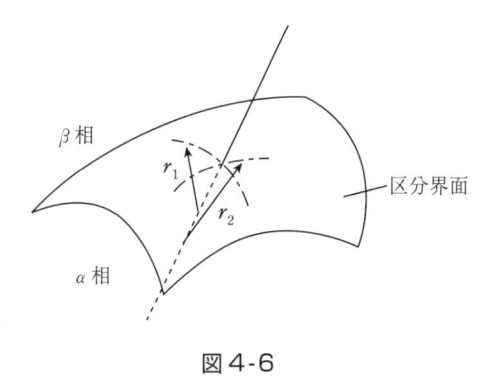

これを，ラプラス(Laplace)の式という。とくに界面が半径rの球面の場合には，$r = r_1 = r_2$なので，以下の式が成り立つ。

$$\Delta P = \frac{2\gamma}{r} \tag{4-12}$$

例題 4-2 空気－水銀間の界面張力は15℃で0.487[Nm^{-1}]である。直径1 mmの気泡と10μmの内部の圧力は，静水圧に比べてどの程度高いか。

[解答] (4-12)式に代入して，ΔPを求めればよい。

$$\Delta P = \frac{2 \times 0.487}{0.5 \times 10^{-3}} = 1948 [\text{Pa}]$$

$$\Delta P = \frac{2 \times 0.487}{5.0 \times 10^{-6}} = 194800 [\text{Pa}]$$

1 mmでは，約0.02atm，10μmでは，2 atmの圧力になることがわかる。このため，液体中の微細な気泡は変形しにくい。

4 ギブスの吸着式

ここで界面過剰濃度について少し詳しく説明しておこう。

実際には有限の厚みを持っている界面を，区分界面という仮想的な幾何学的曲面に置き換えた場合，界面領域に存在する過剰のi成分のモル数を界面

図4-7

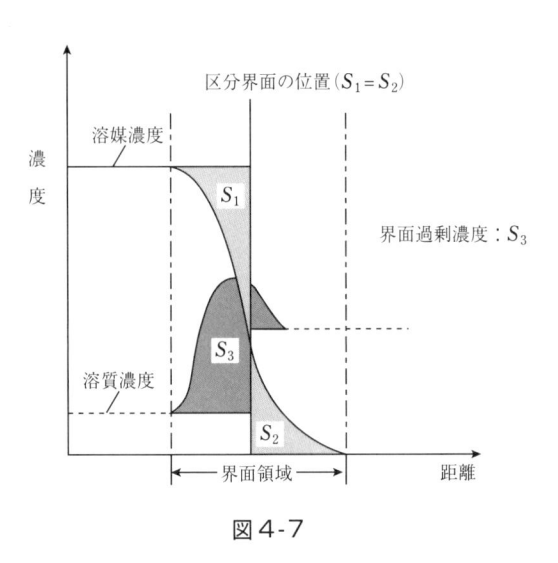

過剰量といい，その単位面積あたりの値を界面過剰濃度 Γ_i と定義した．図4-7に，実際の界面領域と区分界面の位置との関係を示した．図中の界面領域の内側であれば，どの位置に区分界面を設けてもよいのだが，通常は，溶媒[7]の界面過剰濃度を0とするように区分界面の位置を決める．実際には，図4-7の斜線の部分の面積 S_1 と S_2 が等しくなるようにとればよい．このとき界面領域に過剰に存在する溶質[8]はすべて区分界面上に存在すると考える．すなわち，図の S_3 の面積に相当する量の溶質が，界面過剰量となる．したがって，界面領域に母相より多くの溶質がいるとき，界面過剰濃度は $\Gamma_i > 0$，溶質が不足のときは $\Gamma_i < 0$ となる．

界面が平らであるときには，界面張力 γ やその化学ポテンシャルによる導関数は，界面の位置によらない[9]ので，(4-6) 式より，

$$d\gamma = -\frac{S^\sigma}{a}dT - \sum_{i=1}^{c}\Gamma_i d\mu_i$$

---
[7] 通常溶媒を第1成分にとることが多い．
[8] 通常，溶質の濃度は溶媒に比べてはるかに低いが，ここでは拡大して示してある．
[9] 参考図書 [4], p. 159．

等温では，$dT = 0$ なので，

$$d\gamma = -\sum_{i=1}^{c} \Gamma_i d\mu_i \tag{4-13}$$

より，溶質である成分2について

$$\left(\frac{\partial \gamma}{\partial \mu_2}\right)_{T,\mu_3,\cdots,\mu_c} = -\Gamma_2 \tag{4-14}$$

他の成分についても同様の式が得られる。

化学ポテンシャルを活量を使って書き換えると，

$$\left(\frac{\partial \gamma}{\partial \ln a_2}\right)_{T,a_3,\cdots,a_c} = -RT\Gamma_2 \tag{4-15}$$

これを，ギブスの吸着式という。

例題 4-3 希薄溶液の場合，溶質濃度と表面張力はどのような関係にあるか。

[解答] 希薄溶液にヘンリーの法則が成立していると考えると，(4-15)式は次の形に書きなおすことができる。

$$\left(\frac{\partial \gamma}{\partial \ln x_2}\right)_{T,x_3,\cdots,x_c} = -RT\Gamma_2 \tag{4-16}$$

x はモル分率であるから，$\Gamma_2 > 0$ ならば，溶質2の濃度を増大させると表面張力が減少することがわかる。表面過剰濃度 Γ_2 が正であるということは，界面領域に溶質2が過剰に存在していることを示しているので，溶質2は界面活性 (surf-active) 成分であるという。区分界面を仮定したとき，界面活性剤を添加すると界面 (表面) 張力は低下することがわかる。

洗剤などに含まれている界面活性剤は，親水的な部分と疎水的な部分を持つため，水と油，あるいは水と空気の界面に吸着する。一方，水溶液以外の液体においても，界面活性と呼ばれる成分が存在することが知られている。図4-8は，溶融鉄の表面張力に及ぼす添加元素の影響[10]を示したものであるが，

---

[10] 学術振興会140委員会『Handbook of Physico-chemical Properties at High Temperature』日本鉄鋼協会，1988。

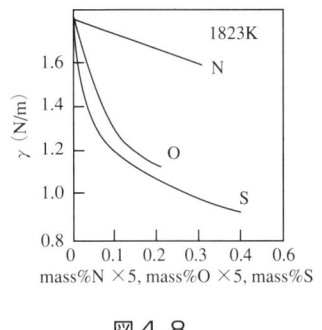

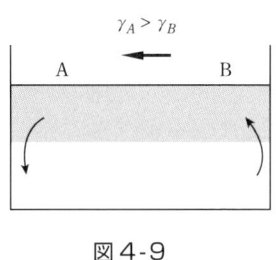

図4-8

図4-9

硫黄,酸素,りん,窒素などは,溶融鉄の表面張力を著しく低下させることがわかる。また,溶融酸化物においても SiO_2 や P_2O_5 などは,溶融酸化鉄の表面張力を減少させることが知られている。これらの成分は区分界面を仮定して導かれた (4-15) 式をもって,界面活性成分であるといわれている[11]。

例題4-4 容器に入れられた液体の表面において,界面活性成分の濃度分布が生じた場合,どのような変化が生ずると考えられるか。

[解答] 図4-9に示すように,表面活性成分濃度の低い部分Aと,高い部分Bが生じると,表面張力の関係は,$\gamma_A > \gamma_B$ となる。この結果,Bの領域はAに引き寄せられる。局所的な蒸発や溶解などによって,表面における濃度差が保たれれば,対流が生ずる。表面張力の差は,表面活性成分の濃度差だけではなく,温度差によっても生ずる。このように,表面張力の差に起因する対流をマランゴニ (Marangoni) 対流と呼ぶ。微小重力下では,とくに重要となると考えられる流れである。

---

[11] これらの成分が現実に液体表面に吸着していると仮定すると,反応速度の低下などの現象が合理的に説明がつくことが,報告されている。

2 異相形成の熱力学

1 曲率を持った相の化学ポテンシャル

母相 α の中に,ある曲率を持った界面で囲まれた β 相が存在する場合を考えよう。ここでは,話を簡単にするために純物質を考え,界面は半径 r の球面であるとする。母相が温度 T,圧力 P であるとき,これと平衡する β 相は,温度 T であるが,その圧力は,界面張力を γ とすれば (4 - 12) 式により,母相の圧力よりも $\frac{2\gamma}{r}$ だけ高くなる。ここで,

$$\left(\frac{\partial \mu}{\partial P}\right)_T = v$$

より,β 相のモル体積 v^β が,圧力によらないと仮定して[12],β 相の化学ポテンシャルを求めると,

$$\begin{aligned}\mu^\beta\left(T, P+\frac{2\gamma}{r}\right) &= \mu^\beta(T,P) + \int_P^{P+\frac{2\gamma}{r}} v^\beta dP \\ &= \mu^\beta(T,P) + \frac{2\gamma v^\beta}{r}\end{aligned} \quad (4\text{-}17)$$

したがって,球状の界面を持った相の化学ポテンシャルは,曲率を持たない場合に比べて

$$\frac{2\gamma v^\beta}{r}$$

だけ高くなる。とくに半径が小さくなるとこの効果は無視できないほど大きくなる。この関係から,球状の凝縮相の蒸気圧を表わすトムソン (Thomson) の式が導かれる。

$$\ln \frac{P_r}{P_\infty} = \frac{2\gamma M}{r\rho RT} \quad (4\text{-}18)$$

---

[12] β が凝縮相のときは,よい近似である。

ここで，M と ρ は，凝縮相の分子量と密度，P は蒸気圧であり，添え字の r と ∞ は，それぞれ，相の曲率半径が r と ∞ であることを表わしている[13]。

また，液体への球状の固体の溶解度 L を与えるオストワルド‐フロイントリッヒ (Ostwald-Freundlich) の式は，

$$\ln \frac{L_r}{L_\infty} = \frac{2\gamma v_s}{rRT} \tag{4-19}$$

で，与えられる。ここに v_s は，固体のモル体積である。

2 均質核生成理論

多くの材料は結晶から成り立っているが，均一な溶液・溶体から多結晶体が生成するためには，核生成と核成長の過程を経る。ここでは最も基本的な均質核生成 (homogeneous nucleation) を，熱力学の立場から考察する[14]。

容器の壁や介在物粒子などの異相界面において核生成する，いわゆる不均質核生成 (heterogeneou nucleation) が通常は観察されるが，ここでは，球状の核 β が均一な α 相の中に1つ生成する場合を考えてみる。

前項で，球状の相と曲率を持たない相との間の化学ポテンシャルを議論したが，まず平衡と核生成の違いについて考えてみよう。図4-10に示すように，平衡状態Aでは，核は必ずしも母相内に存在する必要はなく，別の媒質を通じて母相と接触していてもよい。しかし核生成Bにおいては，核は必ず母相内に存在する必要がある。図4-10のAの状態をBにするためには，生成した核を母相内に入れる仕事が必要になる。等温・等圧下での核生成に伴うギブス自由エネルギー変化を次の手順で計算してみよう。

① 半径 r の球状核が生成する際のギブス自由エネルギー変化 ΔG_1 を計算する

単位体積の曲率 0 の β 相が α 相から生成するときのギブス自由エネルギー変化の符号を変えたものを Δg_v とすると，半径 r の球については，

---

[13] さらに厳密な取り扱いが，参考図書[1]，p. 179になされている。
[14] 伊藤公久「古典的核生成理論を熱力学から考えてみよう」まてりあ，Vol. 36, 1997, p. 1127。

A 平衡状態　　　　　　　　　B 核生成

熱，仕事，物質の交換が可能な媒体　　核βを母相αに入れる仕事

核β　母相α　→　核β　母相α

図4-10

$$-\frac{4}{3}\pi r^3 \Delta g_v$$

となる．相変態が自発的に起きるときギブスの自由エネルギー変化は負なので，

$$\Delta g_v > 0$$

となる．半径 r の核には表面張力 γ が作用しているので，その内圧は

$$\frac{2\sigma}{r}$$

だけ母相の圧力よりも高くなる．圧力の効果を考慮して ΔG_1 を計算すると，(4 - 20) 式が得られる．

$$\begin{aligned}\Delta G_1 &= -\frac{4}{3}\pi r^3 \Delta g_v + \int_P^{P+\frac{2\gamma}{r}} \frac{4}{3}\pi r^3 dP \\ &= -\frac{4}{3}\pi r^3 \Delta g_v + \frac{8}{3}\pi r^2 \gamma \end{aligned} \quad (4 - 20)$$

$\Delta G_1 = 0$ とおくと，平衡の核半径 r_{eq} が求められる．

$$r_{eq} = \frac{2\gamma}{\Delta g_v} \quad (4 - 21)$$

② 半径 r の球状核を母相 α 内に入れる際のギブス自由エネルギー変化 ΔG_2 を計算する

第 4 章　界面・表面の熱力学　77

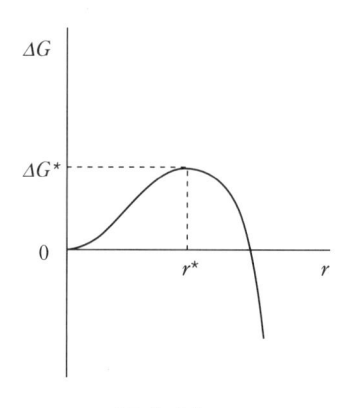

図4-11

この中身には,核と母相間の界面張力によって母相が受ける変化によるものと,新しい界面を作る仕事との2つがあるので,ΔG_2 は次のように計算される。

$$\Delta G_2 = \int_P^{P-\frac{2\gamma}{r}} \frac{4}{3}\pi r^3 dP + 4\pi r^2 \gamma$$
$$= -\frac{8}{3}\pi r^2 \gamma + 4\pi r^2 \gamma \qquad (4-22)$$

③ ΔG_1 と ΔG_2 を加えることによって,核生成に必要な最小仕事であるギブスの自由エネルギー変化が与えられる

$$\Delta G = \Delta G_1 + \Delta G_2$$
$$= -\frac{4}{3}\pi r^3 \Delta g_v + 4\pi r^2 \gamma \qquad (4-23)$$

(4-23)式をグラフ化したのが図4-11である。(4-23)式を半径 r で偏微分して,図の極大値を与える半径 r^* の値を求めると,

$$r^* = \frac{2\gamma}{\Delta g_v} \qquad (4-24)$$

ギブス自由エネルギーが減少する方向に自発的変化は起きるので,r^* よりも大きな核は成長し,小さな核は消滅することがわかる。この r^* を,臨界核半径という。このときの核生成に必要な仕事は,図の ΔG^* に等しい。

[補足] 本書の範囲を超えるが，均質核生成理論に基づいて核生成頻度が議論される場合が多いので，簡単に解説しておく。母相内の熱的ゆらぎによって，相内の一部で ΔG^* のギブス自由エネルギーの変化が生じると考えれば，その実現確率 w と，核生成の頻度は，比例すると考えられる。したがって(核生成頻度)$\propto \exp\left(-\frac{\Delta G^*}{RT}\right)$ と書くことができる[15]。一見すると核生成のために ΔG^* というエネルギー障壁を乗り越えなくてはならないように見えるが，明らかに ΔG^* は温度の関数であり，拡散現象のようないわゆる熱活性化過程ではない。

---

[15] 参考図書 [7]，p. 428。

Appendix

熱力学の諸法則

「熱」と「温度」の概念は，われわれにとって，身体的に自然に受け入れられるものであり，「冷たい」と感じたときに「温度が低い」と思い，「熱い」と感じたときに「温度が高い」と思うのが常である。しかし，われわれは温度そのものを感じているわけではない。たとえば 10℃ の鉄の塊と，10℃ の綿とに触れたとき，多くの人は鉄の方を「冷たい」と感じるだろう。身近にある温度計によって簡単に温度を測定できるので，温度という物理量を実体のあるものとして扱っているが，実際に測定しているのはアルコール・水銀の体積，異種金属間の熱起電力，セラミックスの電気抵抗などである。一見自明に思える温度について考えることからはじめて，熱力学の諸法則を学ぶことにする。

1 系と熱平衡

熱力学の考察の対象となる巨視的な集団を系 (system) と呼び，ごく少数の粒子からなるものはこれに含まれない。また，系以外の部分を外界 (surroundings) という。

系には，外界とまったく交渉を持たない孤立系 (isolated system)，物質の出入りがない閉鎖系 (closed system)，物質の出入りがある開放系 (open system) がある。1 つの孤立系はどのような初期状態にあっても，やがてある終局的な状態に達し，それ以上変化しない熱平衡状態に達する。

自身が熱平衡状態にある 2 つの孤立系 A，B を接触させたとき，変化が起こらないならば，A と B は熱平衡 (thermal equilibrium) にあるという。

ここでわれわれは，熱平衡状態にある純粋流体の性質について次のことを

経験的に認めよう。

「熱平衡状態にある純粋流体[1]の圧力とモル体積[2] (密度)は一意的に定まる」。

2 熱力学第 0 法則

異なる物体間の熱平衡に関しては，熱力学第 0 法則 (熱平衡の推移率) が成り立つ。

「A と B，および B と C がそれぞれ熱平衡状態にあるならば，A と C も熱平衡状態にある」。

さて，熱力学第 0 法則から，温度という物理量の存在を確かめてみよう[3]。いま圧力を P，モル体積を v としたとき，A と B の熱平衡は，P_A, v_A, P_B, v_B を変数とする関数 F_1 によって表わされると考える。また，B と C の熱平衡および熱力学第 0 法則より導かれる A と C の熱平衡からそれぞれ P_B, v_B, P_C, v_C および P_A, v_A, P_C, v_C を変数とする関数 F_2, F_3 が存在すると考える。

F_1 と F_2 がそれぞれ P_B について解ければ，次の式が得られる。

$$P_B = f_1(P_A, v_A, v_B) = f_2(v_B, P_C, v_C) \tag{1}$$

(1) 式は P_A, v_A, P_C, v_C, を変数とする関数 F_3 と等価であるから，

$$g_1(P_A, v_A) = g_2(P_C, v_C) \tag{2}$$

ここで，

$$T_A = g_1(P_A, v_A),\ T_B = g_2(P_B, v_B),\ T_C = g_3(P_C, v_C) \tag{3}$$

とおけば，A と B の熱平衡に対応して $T_A = T_B$ が成立する。すなわち T は温度であって，温度が等しいことが熱平衡の条件であることが示される。(3) 式のそれぞれは，温度と圧力とモル体積の間に，ある関係式が存在すること

---

[1] 固体を含めないのは，圧力が等方的でない場合があるからである。
[2] 物質 1 モルあたりの体積。
[3] 参考図書 [1], p. 25。

を表わしており，状態方程式と呼ばれる。熱力学は状態方程式の存在を保証するのみで，関数 g の形については何も予言しない。

3 熱力学第1法則

系の内部に存在するエネルギーを内部エネルギーと呼び，記号 U で表わす。閉鎖系の内部エネルギー変化 ΔG は，その経路によらず，

$$\Delta U = q - w \tag{4}$$

で与えられる。これを熱力学第1法則[4]という。q は系に対して外界から与えられる熱を，w は系が外界に対してなす仕事であり，これらの量は変化の経路によって異なる。

内部エネルギーは，系の内部に存在するエネルギーであり，運動エネルギーや位置エネルギーは含まれない。内部エネルギーの微視的な意味については，統計力学において，系を構成する粒子の運動や相互作用などのエネルギーの総和として取り扱われるが，熱力学ではその内容に立ち入らない。系に流入した熱と系が外界に対してなした仕事の差が，消滅せずにすべて系の内部にたくわえられると考えているのである。

ここで，解析学を適用できるように，微小変化量 Δx を dx と表わすことにする。

(4) 式の微小変化を考えると，

$$dU = \delta q - \delta w \tag{5}$$

d は完全微分 (exact differential) と呼ばれ，その積分値は積分経路によらない。一方，q と w の値は積分経路によって異なるので，d の代わりに δ を用いた[5]。(5) 式は，U は系の変化の経路によらず，系の熱平衡状態に応じて定まった値をとる量であることを表わしている。このような量を状態量 (state property) と

---

[4] エネルギー保存則，第1種永久機関不可能の原理とも呼ばれている。
[5] 不完全微分と呼んでいる教科書もある。

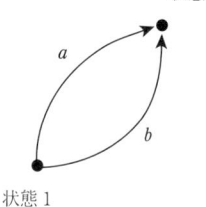

図1

いう．したがって，U が状態量であることを主張しているのが熱力学第1法則であるともいえる．

図1に示すような状態1から状態2への変化にともなう内部エネルギーの変化は，変化の経路によらないので，状態2と状態1の内部エネルギーの差で与えられる[6]．

$$\Delta U = \int_1^2 dU = U_2 - U_1 \tag{6}$$

式 (6) より，内部エネルギーは，相対的な量として表わされ，ある基準状態を 0 とすることでのみ，その値が与えられる．また，明らかなように閉じたサイクル (たとえば，状態1→状態2→状態1) においては，

$$\oint dU = 0 \tag{7}$$

である．

ここで，外界の圧力に対する機械的な仕事のみを考えると，系の体積を V として，

$$\delta w = PdV \tag{8}$$

---

[6] 図1に示すように，異なる経路 a と b を通って状態1から状態2に変化したとしよう．もし ΔU の値が積分経路によって異なるとすれば，$\Delta U_a < \Delta U_b$ と置くことができる．状態1から経路 a を通って状態2に達した後，経路 b を通って状態1に戻るサイクルを考えると，1サイクルで $\Delta U_b - \Delta U_a > 0$ なるエネルギーが生み出される．これは，第1種の永久機関にほかならない．

$$w = \int_1^2 PdV \tag{9}$$

これより，熱力学第1法則は次のように書くことができる。

$$dU = \delta q - PdV \tag{10}$$

系の体積 V が一定のときの変化を考えてみよう。(10) 式において $dV = 0$ となるので，$dU = \delta q$ となる。すなわち，内部エネルギーの変化は流入した熱量に等しくなる。

一方，等圧変化 ($dP = 0$) では，(11) 式で定義されるエンタルピー H を微分して (10) 式を代入すると，(12) 式が得られる。

$$H \equiv U + PV \tag{11}$$

$$dH = dU + PdV = \delta q \tag{12}$$

(11) 式の右辺はすべて，系の熱平衡状態に応じて定まった値をとる量 (状態量) であるから，H もやはり状態量である。また，内部エネルギー U を含むことから，やはり相対的な量であり，ある基準状態を 0 とすることでのみ，その値が与えられる。そして，(12) 式から，等圧変化における系の熱量変化 δq は，dH に等しいことがわかる。

以上をまとめると，

「等積変化において系に流入した熱量は，内部エネルギー変化 ΔU に，等圧変化では，エンタルピー変化 ΔH に等しい」

ことがわかる。

最後に，式 (4) に戻って，熱と仕事について考えてみよう。$q = 0$, すなわち状態 1 から状態 2 への変化が断熱過程のとき，$\Delta U = -w$ である。また，同様の変化が $w = 0$ なる過程を経て生じるならば，$\Delta U = q$ であるから，このとき熱量 q を仕事 w で測ることができる。すなわち，熱量は仕事の単位

で表わすことができる．このようにして，熱の仕事当量が測定されており，1cal = 4.184J である．

後述するように，熱力学第2法則は増大則 (生成則) であるのに対し，第1法則は保存則であるので，多くの現実的問題への応用に際して広く用いることができる．

4 熱力学第2法則

熱力学第2法則には，

○「外部に何ら変化を残さずに熱を低温部から高温部へ移すことは不可能である」 (クラウジウス (Clausius) の原理)

○「熱を何の償却もなしに仕事に変換することは，自然の過程では起こらない」 (トムソン (Thomson) の原理)

○「任意に選んだ点から，可逆 (reversible)[7] たると不可逆 (irreversible)[8] たるとを問わず，1回の断熱過程によって到達しえない有限の領域が存在する」

(カラテオドリー (Carathéodory) の原理)

など，いくつかの表現があるが，いずれも，自然現象の不可逆性 (たとえば，仕事は自然に熱に変わるのに，熱は自然には仕事に変わらない．また，われわれが物質科学の分野で直面する，化学反応，拡散，摩擦，相変態などは，すべて本質的に不可逆な現象である) について述べている．

閉鎖系における微小変化を考えると，系に流入した熱 q，温度 T と，エントロピー S との間に，次の不等式[9]が成立する．

$$dS \geqq \frac{\delta q}{T} \tag{13}$$

(13) 式が，第2法則の一般的な表現として用いられている．

---

[7] ある変化があったとき，系の状態を記述する変数が同じ道筋を通ってはじめの値に戻り，系と外界の間の熱，仕事，物質の交換が，すべて逆に起きる変化が存在するとき，可逆変化と呼ぶ．可逆化変化は現実の過程を理想化したものである．

[8] 可逆でないすべての変化をさす．

[9] クラウジウスの不等式と呼ばれる．

ここで，等号は可逆過程を表わす。すなわち，エントロピー S は，可逆過程において

$$dS = \frac{\delta q}{T}$$

で定義することができる。説明は他書を参照していただきたいが，エントロピー S もまた，U や H と同様に，示量性の状態量である[10]。

孤立系では $\delta q = 0$ であるから，(13) 式より，「**孤立系のエントロピーは増大する**」ことがいえる。

クラウジウスはまた，(13) 式を，次のように書き換えた。

$$dS = \frac{\delta q}{T} + \frac{\delta q'}{T} \tag{14}$$

ここで，q' は，非補償熱 (unconpensated heat) と呼ばれる量で，$q' = 0$ が可逆過程に，$q' > 0$ が不可逆過程に対応している。

プリコジーヌ (Prigogine) は，(14) 式をさらに書き換えて，

$$dS = dS_e + dS_i \tag{15}$$

とした。可逆変化によるエントロピー変化

$$dS_e = \frac{\delta q}{T}$$

を輸送エントロピー，

$$dS_i = \frac{\delta q'}{T}$$

を生成エントロピーと呼んだ。このようにすることで $dS_i > 0$ が，不可逆変化に対応した表現となる。これは，不可逆変化によってエントロピーが生成することを表わしており，熱力学第2法則は，(13) 式による「エントロピー増大則」から，「エントロピー生成則」へと変化し，非平衡熱力学の基礎となっている[11]。

---

[10] 参考図書 [2]，p. 75。
[11] 参考図書 [3]，p. 34。

5 カルノーサイクル

カルノー (Carnot) は，水の高低差を用いて仕事を得る水力機関をモデルに，高温熱源と低温熱源間で作動する熱機関[12]を考えた。この熱機関では，ある作業物質の状態を，

①等温膨張，②断熱膨張，③等温圧縮，④断熱圧縮

という一連のサイクルで変化させる。このようなサイクルを一般にカルノーサイクル (Carnot cycle) と呼び，すべての過程が可逆的に行われる場合を可逆カルノーサイクル[13]という。

「**可逆カルノーサイクルで作動する熱機関は最大の効率を持ち[14]，効率は作業物質によらず，高温熱源と低温熱源の温度 T_1, T_2 のみによって決定される**」。

これをカルノーの原理という。

図2は，理想気体を作業物質とした可逆カルノーサイクルであり，以下の4つの可逆過程からなっている。

① AB間では $T = T_1$ の高温熱源より q_1 の熱を受け取って T_1 で等温膨張を行う。

② BC間では，断熱膨張 $(q = 0)$ を行い，温度は T_1 から T_2 まで低下する。

③ CD間では T_2 で等温圧縮を行い，$T = T_2$ の低温熱源に q_2 の熱を移す。

④ DA間では，断熱圧縮 $(q = 0)$ により，温度は T_2 から T_1 まで上昇し，最初の状態Aに戻る。

一般に熱機関は図3に示すように，高温熱源から q_1 の熱を受け取り，外界に w の仕事を行い，低温熱源に q_2 の熱を移す。このとき熱機関の効率 η は，$q_1 = w + q_2$ なので，次の式で与えられる。

---

[12] 高温熱源から低温熱源に熱を移しつつ外界に仕事を行う装置。
[13] 理想気体を作業物質とした可逆カルノーサイクルを，カルノーサイクルと呼んでいる教科書もある。
[14] 不可逆な熱機関の効率はすべて可逆カルノーサイクルより小さい。

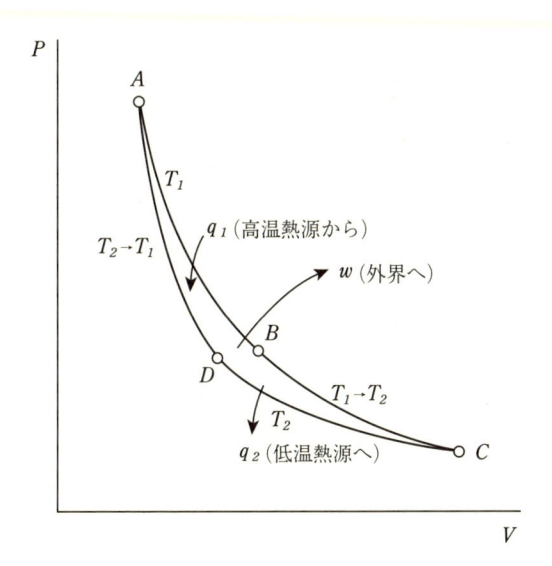

図2

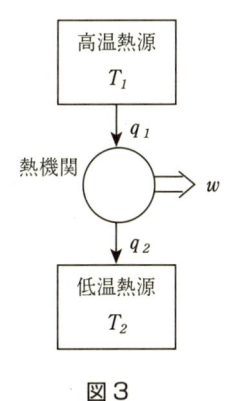

図3

$$\eta = \frac{w}{q_1} = 1 - \frac{q_2}{q_1} \tag{16}$$

カルノーの原理から高温熱源の温度 T_1 と低温熱源の温度 T_2 の比は，この間にはたらく可逆カルノーサイクルの効率 η_c によって，次のように定義される。

$$\frac{T_2}{T_1} = \frac{q_2}{q_1} = 1 - \eta_c \tag{17}$$

この式より $T_2 = 0$ では，T_1 によらず $\eta_c = 1$ となるので，可逆カルノーサイクルの効率が 1 となる低温熱源の状態の温度を 0 と定める。一方，水の三重点[15]273.16K をもう 1 つの値とすると，絶対温度目盛りを定めることができる。これは，理想気体を用いた温度計の与える温度と一致する。この項以降，および本文第 1 章から第 4 章では，T を絶対温度として用いることとする。

以上から，T_1, T_2 を絶対温度とすると，不可逆機関 (実際の熱機関) の効率は，

$$\eta < \frac{T_1 - T_2}{T_1} \tag{18}$$

と表わされる。

6 自由エネルギー

いままでに解説した熱力学第 1 法則と熱力学第 2 法則をもとに，熱力学の体系は成り立っている。ここでは，実用上便利な熱力学関数を紹介しよう。

外界の圧力に対する機械的な仕事のみを考えた場合，熱力学第 1 法則は (10) 式より $dU = \delta q - PdV$ で表わされる。またエントロピーは，可逆過程を考えることによって，$dS = \frac{\delta q}{T}$ で定義される。この 2 つの式を組み合わせることにより，ギブスの式といわれる次の (19) 式が得られる。

$$dU = TdS - PdV \tag{19}$$

また，熱力学第 2 法則によれば，不可逆変化では

$$dS > \frac{\delta q}{T}$$

であるので，次の (20) 式が変化の向きを与えることになる。この不等式を用いて，いくつかの系の変化の向きについて考察してみよう。

$$dU > TdS - PdV \tag{20}$$

---

[15] 気相・液相・固相の 3 相が共存する温度。

まず，孤立系では $\delta q = 0$ より，$dS > 0$ が変化の向きを与える。

次に閉鎖系について，ある束縛条件のもとでの変化を考えてみる。

等温下の等積変化においては，$dT = 0$, $dV = 0$ であるので，(20) 式から $TdS > dU$ が得られる。したがって，

$$dU - TdS < 0 \tag{21}$$

が，系の自発的な変化の向きを表わすことがわかる。

ここで，

$$F \equiv U - TS \tag{22}$$

で定義される熱力学関数，ヘルムホルツ自由エネルギー (Helmholtz free energy) を考えれば，$dT = 0$ より $dF = dU - TdS$ となるので

$$dF < 0 \tag{23}$$

すなわち，閉鎖系の等温・等積変化では，ヘルムホルツ自由エネルギーが減少する方向に自発的変化が生じる。また明らかに

$$dF = 0 \tag{24}$$

が，平衡の条件である。

等温下の等圧変化では，$dT = 0$, $dP = 0$ であるので，(20) 式から $TdS - PdV > dU$ が得られる。したがって，

$$dU - TdS + PdV < 0 \tag{25}$$

が，系の自発的な変化の向きを表わすことがわかる。

ここで，同様に

$$G \equiv H - TS = U + PV - TS \tag{26}$$

で定義される熱力学関数，ギブス自由エネルギー (Gibbs free energy) を考えれば，$dT = 0$, $dP = 0$ なので，$dG = dH - TdS = dU + PdV - TdS$ となり，

$$dG < 0 \tag{27}$$

すなわち，閉鎖系の等温・等圧変化では，ギブス自由エネルギーが減少する方向に自発的変化が生じ，ヘルムホルツ自由エネルギーと同様に，

$$dG = 0 \tag{28}$$

が，平衡の条件である。

　ここで自由エネルギーの持つ意味について考えておこう。第1法則に戻れば，$dU = \delta q - \delta w$ より，

$$dF = \delta q - \delta w - TdS - SdT \tag{29}$$

等温変化では，$\delta q \leqq TdS$ なので，

$$dF \leqq -\delta w \tag{30}$$

すなわち，ヘルムホルツ自由エネルギーは，等温変化によって系から取り出すことのできる最大の仕事を意味している。

同様にして，等温，等圧変化では，

$$dG \leqq -(\delta w - PdV) \tag{31}$$

と，表わされる。この式から，ギブス自由エネルギーは，等温変化において系が外界になす全仕事量から，膨張による機械的仕事を差し引いたものに等しいことがわかる。したがって，ギブス自由エネルギーは温度 T，圧力 P のもとで，系から取り出すことのできる利用可能な最大の仕事[16]を意味しているといえる。自由エネルギーの定義から，F も G も，エネルギーの単位を持つ示量性の状態量であり，可逆過程以外では保存されないエントロピーを含んでいるので，エネルギーという名称を持っているが，

「不可逆過程では自由エネルギーは保存されない」

---

[16] 一定の温度 T_0 と圧力 P_0 にある環境での利用可能な最大仕事は，エクセルギー(exergy)と呼ばれる。

ことに注意する必要がある。

7 ルジャンドル変換

内部エネルギー U，エンタルピー H，ヘルムホルツ自由エネルギー F，ギブス自由エネルギー G は，いずれもエネルギーの単位を持つ示量性[17]の状態量である。これらの熱力学関数はいかなる関係で結ばれているのであろうか。

まず，ギブスの式 $dU = TdS - PdV$ を考えよう，これは，内部エネルギー U を，エントロピー S と体積 V の関数として表わしている式と考えることができる。

一方，U を S と V とで全微分すると

$$dU = \left(\frac{\partial U}{\partial S}\right)_V dS + \left(\frac{\partial U}{\partial V}\right)_S dV \tag{32}$$

各項を比較することにより，

$$\left(\frac{\partial U}{\partial S}\right)_V = T, \qquad \left(\frac{\partial U}{\partial V}\right)_S = -P \tag{33}$$

を得る。S と T，P と V は互いに共役 (conjugate) な変数と呼ばれ，共役な変数同士の積はエネルギーの次元を持つ。

U 以外の熱力学関数を系統的に定義するためには，ルジャンドル (Legendre) 変換という数学的方法を用いる。

熱力学関数 L が完全微分であるとき，その自然な独立変数[18]を $X_1, X_2, X_3, \cdots$ とすると，dL は次の形式で表わすことができる。

$$dL = \sum_i C_i dX_i \tag{34}$$

---

[17] 質量(モル数)に比例する量を示量性量 (extensive property)，質量を変えても変化しない量を示強性量 (intensive property) と呼ぶ。V, U, S, H, F, G などは示量性，T, P, v (モル体積) などは示強性である。

[18] これらの変数の組の関数として熱力学関数が与えられたとき，系の熱力学的性質は完全に定まる。

このとき，独立変数 X_i と，その共役な変数 C_i との変換と，それに伴う L の変換をルジャンドル変換という。$\overline{L}$ を，新しい熱力学関数とすると，この変換は次の (35), (36) 式によって与えられる。

$$\overline{L} = L - C_i X_i \tag{35}$$

$$d\overline{L} = dL - C_i dX_i - X_i dC_i \tag{36}$$

外力として圧力のみを考えた純粋流体では，独立変数は 2 つなので[19]，独立変数 X_1 と，その共役な変数 C_1 とを入れ換えると，(35) 式は，$\overline{L} = L - X_1 C_1$，(36) 式は，$d\overline{L} = -X_1 dC_1 + C_2 dX_2$ となる。

たとえば，ギブスの式 ((19) 式)，$dU = TdS - PdV$ において，$X_1 = S$ と，その共役な変数 $C_1 = T$ を入れ換えると，

$$U - TS = F \tag{37}$$

$$dF = -SdT - PdV \tag{38}$$

すなわち，独立変数を S, V から，T, V に変えることによって，内部エネルギー U から，新しい状態量，ヘルムホルツ自由エネルギー F が，自然な形で与えられる。

同様にして，他の熱力学関数も導出され，その微分形は次のように与えられる。

$$dH = TdS + VdP \tag{39}$$

$$dG = -SdT + VdP \tag{40}$$

エンタルピー H は S と P を，またギブス自由エネルギー G は T と P をそれぞれ自然な独立変数として持つことがわかる。各熱力学関数について，これらの結果を表 1 にまとめておく。

---

[19] われわれは最初に，圧力 P とモル体積 v の 2 つが独立変数であることを経験的に認めることとした。

表 1

記号	定義	名称	独立変数	全微分形
U	—	内部エネルギー	S, V	$dU = TdS - PdV$
H	$H = U + PV$	エンタルピー	S, P	$dH = TdS + VdP$
F	$F = U - TS$	ヘルムホルツ自由エネルギー	T, V	$dF = -SdT - PdV$
G	$G = F + PV$ $= H - TS$	ギブス自由エネルギー	T, P	$dG = -SdT + VdP$

[補足] すでに何度も用いているギブスの式 $dU = TdS - PdV$ は，可逆過程についての関係式であり，第2法則の主張する自然現象の不可逆性をあらわす場合には，次の不等式 $dU \leqq TdS - PdV$ となることはすでに示した。このような不等式は，他の熱力学関数についても (38)〜(40) 式から容易に導くことができる。すなわち，$dH \leqq TdS + VdP$，$dF \leqq -SdT - PdV$，$dG \leqq -SdT + VdP$ である。これらの不等式から，自発的変化の向きは，S と V が一定の場合には $dU \leqq 0$，S と P が一定の場合には $dH \leqq 0$，T と V が一定の場合には $dF \leqq 0$，T と P が一定の場合には $dG \leqq 0$ となることがわかる[20]。

(32) 式と同様に，各熱力学関数をそれぞれ自然な独立変数で全微分し，(38)〜(40) 式と各項を比較することにより，次の関係式を得る。

$$\left(\frac{\partial H}{\partial S}\right)_P = T, \qquad \left(\frac{\partial H}{\partial P}\right)_S = V \tag{41}$$

$$\left(\frac{\partial F}{\partial T}\right)_V = -S, \qquad \left(\frac{\partial F}{\partial V}\right)_T = -P \tag{42}$$

$$\left(\frac{\partial G}{\partial T}\right)_P = -S, \qquad \left(\frac{\partial G}{\partial P}\right)_T = V \tag{43}$$

熱力学関数が完全微分になる条件を用いて，(33) 式，(41)〜(43) 式から，他のいくつかの関係式を導くことができる。

$$\left(\frac{\partial V}{\partial T}\right)_P = -\left(\frac{\partial S}{\partial P}\right)_T \tag{44}$$

---

[20] 自由エネルギーについては，前項ですでに解説した。

$$\left(\frac{\partial P}{\partial S}\right)_V = -\left(\frac{\partial T}{\partial V}\right)_S \tag{45}$$

$$\left(\frac{\partial V}{\partial S}\right)_P = \left(\frac{\partial T}{\partial P}\right)_S \tag{46}$$

$$\left(\frac{\partial S}{\partial V}\right)_T = \left(\frac{\partial P}{\partial T}\right)_V \tag{47}$$

これらを，マックスウェル (Maxwell) の関係式と呼ぶ。

たとえば (44) 式によって，物質のエントロピーの圧力依存性が，物質の体膨張率 $\beta(\beta = \frac{1}{V}\left(\frac{\partial V}{\partial T}\right)_P)$ を測定することによって得られるということがわかる。

8 部分モル量と化学ポテンシャル

閉鎖系におけるギブスの式 $dU = TdS - PdV$ を，物質の交換がある系，すなわち開放系に適用してみよう。外界と c 種類の物質の交換がある場合，系内における i 成分のモル数が，n_i から $n_i + dn_i$ まで変化し，i 成分 1 モルあたりの内部エネルギーの増加分を μ_i とすると，ギブスの式は，

$$dU = TdS - PdV + \sum_{i=1}^{c} \mu_i dn_i \tag{48}$$

と，書くことができる。ここで，μ_i を，i 成分の化学ポテンシャルと呼ぶ。n_i が示量性の変数であるので，μ_i は示強性の変数である。

内部エネルギーは，S，V，および各成分のモル数 $n_1, n_2, \cdots, n_c$ の関数と考えられるので，

$$dU = \left(\frac{\partial U}{\partial S}\right)_{V, n_j} dS + \left(\frac{\partial U}{\partial V}\right)_{S, n_j} dV \\ + \sum_{i=1}^{c} \left(\frac{\partial U}{\partial n_i}\right)_{S, V, n_{j \neq i}} dn_i \tag{49}$$

という全微分表記が得られる[21]。

式 (48) と (49) とを比較すると,

$$\mu_i = \left(\frac{\partial U}{\partial n_i}\right)_{S,V,n_{j\neq i}} \tag{50}$$

が得られる。

同様にして, H, F, G についても計算を行うと,

$$\mu_i = \left(\frac{\partial H}{\partial n_i}\right)_{S,P,n_{j\neq i}} = \left(\frac{\partial F}{\partial n_i}\right)_{T,V,n_{j\neq i}} = \left(\frac{\partial G}{\partial n_i}\right)_{T,P,n_{j\neq i}} \tag{51}$$

後述する部分モル量の定義 ((61) 式) によれば,

$$\mu_i = \left(\frac{\partial G}{\partial n_i}\right)_{T,P,n_{j\neq i}} = \overline{G}_i \tag{52}$$

であることがわかる。すなわち,「**化学ポテンシャルは部分モルギブス自由エネルギーである**」。

示量性変数と部分モル量との間の関係式 ((60) 式) を用いると,

$$G = \sum_{i=1}^{c} n_i \overline{G}_i = \sum_{i=1}^{c} n_i \mu_i \tag{53}$$

すなわち, 系のギブス自由エネルギーは, 各成分の化学ポテンシャルにそのモル数を掛けたものの総和に等しい。これを微分すると,

$$dG = \sum_{i=1}^{c} \mu_i dn_i + \sum_{i=1}^{c} n_i d\mu_i \tag{54}$$

一方, (48) 式と $dG = dU - TdS - SdT + PdV + VdP$ より,

$$dG = -SdT + VdP + \sum_{i=1}^{c} \mu_i dn_i \tag{55}$$

(54) 式と組み合わせて,

---

[21] ここで, 添え字の n_j は全成分のモル数を, また $n_{j\neq i}$ は, i 成分以外のすべての成分のモル数を一定に保つという意味である。

$$\sum_{i=1}^{c} n_i d\mu_i + SdT - VdP = 0 \tag{56}$$

を得る。この式をギブス - デュエム (Gibbs - Duhem) の式という。

等温，等圧のもとでは，

$$\sum_{i=1}^{c} n_i d\mu_i = \sum_{i=1}^{c} x_i d\mu_i = 0 \tag{57}$$

となる。ここで，x_i は，モル分率であり，以下の式で与えられる。

$$x_i = \frac{n_i}{\displaystyle\sum_{i=1}^{c} n_i} \tag{58}$$

ギブス - デュエムの式は，系内のある成分の化学ポテンシャルを，他の成分の化学ポテンシャルを変えずに，独立に変化させることはできないという，制約を表わしている式であり，さまざまな熱力学関係式が，この式を用いることによって導き出される。

ここで，部分モル量について説明しておこう。圧力以外の外部場が作用せず，表面構造が全体的性質に影響しない程度に十分大きな均一系を考える。いま系が c 個の成分からなっているとしたとき，この系における示量性変数 L は，温度 T と圧力 P そして成分のモル数 $n_1, n_2, \cdots, n_c$ の関数，$L(T, P, n_1, n_2, \cdots, n_c)$ と考えられる。L は示量性の量であるので，系の質量 (各成分のモル数) を λ 倍すれば，L の値もまた λ 倍になる。すなわち，

$$L(T, P, \lambda n_1, \lambda n_2, \cdots, \lambda n_c) = \lambda L(T, P, n_1, n_2, \cdots, n_c) \tag{59}$$

これは，L が，T，P 一定下では，$n_1, n_2, \cdots, n_c$ の 1 次同次関数[22]であることを示している。ここに，同次関数におけるオイラー (Euler) の定理を用いる

---

[22] λ を定数として，$f(\lambda(x^{(r)})) = \lambda^n f(x^{(r)})$ なるとき n 次の同次関数であるという。ここで $x^{(r)}$ は，r 個の変数を表わしている。

と[23],T, P 一定の条件下で,

$$L(T,P,n_1,n_2,\cdots,n_c) = \sum_{i=1}^{c}\left(\frac{\partial L}{\partial n_i}\right)_{T,P,n_{j\neq i}} n_i$$
$$= \sum_{i=1}^{c}\overline{L}_i n_i \tag{60}$$

ここで, $\overline{L}_i$ を i の部分モル量[24]と呼び, 次式で定義される。

$$\overline{L}_i = \left(\frac{\partial L}{\partial n_i}\right)_{T,P,n_{j\neq i}} \tag{61}$$

L をギブス自由エネルギーに置き換えれば, 前述したとおり, 化学ポテンシャル μ_i は部分モルギブス自由エネルギー $\overline{G}_i$ になる。

---

[23] 参考図書 [4], p. 257。
[24] たとえば, 部分モル体積, 部分モルエンタルピーなど。

参考図書

本書を執筆するにあたって,筆者が参考にさせていただいた単行書をあげておく.

[1] 久保亮五編『大学演習 熱学・統計力学』裳華房,1961, 1998.
[2] 相沢洋二『キーポイント熱・統計力学』岩波書店,1996.
[3] プリコジーヌ,デフェイ(妹尾学訳)『化学熱力学(I・II)』みすず書房,1966.
[4] カークウッド,オッペンハイム(関集三・菅宏訳)『化学熱力学』東京化学同人,1965.
[5] D. V. Ragone, *Thermodynamics of Materials*, Vol. 1, 2, John Wiley & Sons, 1994.
[6] O. Kubaschewski and C. B. Alcock, *Metallurgical Thermochemistry*, 5th ed., Pergamon, 1979.
[7] ランダウ,リフシッツ(小林秋男ら訳)『統計物理学(上・下)』岩波書店,1980.

データ集

付表1　元素周期表

1(ⅠA)	2(ⅡA)	3(ⅢA)	4(ⅣA)	5(ⅤA)	6(ⅥA)	7(ⅦA)	8(Ⅷ)	9(...)
1.008 $_1$H 水素								
6.941 $_3$Li リチウム	9.012 $_4$Be ベリリウム							
22.99 $_{11}$Na ナトリウム	24.31 $_{12}$Mg マグネシウム							
39.10 $_{19}$K カリウム	40.08 $_{20}$Ca カルシウム	44.96 $_{21}$Sc スカンジウム	47.88 $_{22}$Ti チタン	50.94 $_{23}$V バナジウム	52.00 $_{24}$Cr クロム	54.94 $_{25}$Mn マンガン	55.85 $_{26}$Fe 鉄	$_{27}$... コバ...
85.47 $_{37}$Rb ルビジウム	87.62 $_{38}$Sr ストロンチウム	88.91 $_{39}$Y イットリウム	91.22 $_{40}$Zr ジルコニウム	92.91 $_{41}$Nb ニオブ	95.94 $_{42}$Mo モリブデン	(99) $_{43}$Tc テクネチウム	101.1 $_{44}$Ru ルテニウム	$_{45}$... ロジ...
132.9 $_{55}$Cs セシウム	137.3 $_{56}$Ba バリウム	57〜71 ランタノイド	178.5 $_{72}$Hf ハフニウム	180.9 $_{73}$Ta タンタル	183.8 $_{74}$W タングステン	186.2 $_{75}$Re レニウム	190.2 $_{76}$Os オスミウム	$_{77}$... イリ...
(223) $_{87}$Fr フランシウム	(226) $_{88}$Ra ラジウム	89〜103 アクチノイド	(261) $_{104}$Unq ウンニルクアジウム	(262) $_{105}$Unp ウンニルペンチウム	(263) $_{106}$Unh ウンニルヘキシウム	(262) $_{107}$Uns ウンニルセプチウム	(265) $_{108}$Uno ウンニルオクチウム	$_{109}$... ウン... エン...

族番号 → 1(ⅠA) ← 旧族番号
原子量 → 1.008
原子番号 → $_1$H ← 元素記号
水素
元素名

ランタノイド

138.9 $_{57}$La ランタン	140.1 $_{58}$Ce セリウム	140.9 $_{59}$Pr プラセオジム	144.2 $_{60}$Nd ネオジム	(145) $_{61}$Pm プロメチウム	1... $_{62}$S... サマ...

アクチノイド

(227) $_{89}$Ac アクチニウム	232.0 $_{90}$Th トリウム	231.0 $_{91}$Pa プロトアクチニウム	238.0 $_{92}$U ウラン	(237) $_{93}$Np ネプツニウム	$_{94}$... プ... ニ...

出典：大木道則ほか編『化学辞典』東京化学同人，1994。

~109番の元素名は，IUPACで承認された体系的名称である。アメリカ化学会
慣用名として次のような名称を提案している：
：Rf（ラザホジウム），105番：Ha（ハーニウム），106番：Sg（シーボルギウム），
：Ns（ニールスボーリウム），108番：Hs（ハッシウム），109番：Mt（マイトネリウム）。

			13(ⅢB)	14(ⅣB)	15(ⅤB)	16(ⅥB)	17(ⅦB)	18(0)
								4.003 $_2$He ヘリウム
			10.81 $_5$B ホウ素	12.01 $_6$C 炭素	14.01 $_7$N 窒素	16.00 $_8$O 酸素	19.00 $_9$F フッ素	20.18 $_{10}$Ne ネオン
			26.98 $_{13}$Al アルミニウム	28.09 $_{14}$Si ケイ素	30.97 $_{15}$P リン	32.07 $_{16}$S 硫黄	35.45 $_{17}$Cl 塩素	39.95 $_{18}$Ar アルゴン
	11(ⅠB)	12(ⅡB)						
	63.55 $_{29}$Cu 銅	65.39 $_{30}$Zn 亜鉛	69.72 $_{31}$Ga ガリウム	72.61 $_{32}$Ge ゲルマニウム	74.92 $_{33}$As ヒ素	78.96 $_{34}$Se セレン	79.90 $_{35}$Br 臭素	83.80 $_{36}$Kr クリプトン
	107.9 $_{47}$Ag 銀	112.4 $_{48}$Cd カドミウム	114.8 $_{49}$In インジウム	118.7 $_{50}$Sn スズ	121.8 $_{51}$Sb アンチモン	127.6 $_{52}$Te テルル	126.9 $_{53}$I ヨウ素	131.3 $_{54}$Xe キセノン
	197.0 $_{79}$Au 金	200.6 $_{80}$Hg 水銀	204.4 $_{81}$Tl タリウム	207.2 $_{82}$Pb 鉛	209.0 $_{83}$Bi ビスマス	(210) $_{84}$Po ポロニウム	(210) $_{85}$At アスタチン	(222) $_{86}$Rn ラドン

157.3 $_{64}$Gd ガドリニウム	158.9 $_{65}$Tb テルビウム	162.5 $_{66}$Dy ジスプロシウム	164.9 $_{67}$Ho ホルミウム	167.3 $_{68}$Er エルビウム	168.9 $_{69}$Tm ツリウム	173.0 $_{70}$Yb イッテルビウム	175.0 $_{71}$Lu ルテチウム
(247) $_{96}$Cm キュリウム	(247) $_{97}$Bk バークリウム	(252) $_{98}$Cf カリホルニウム	(252) $_{99}$Es アインスタイニウム	(257) $_{100}$Fm フェルミウム	(258) $_{101}$Md メンデレビウム	(259) $_{102}$No ノーベリウム	(262) $_{103}$Lr ローレンシウム

付表2　種々の物質の定圧比熱 (g：気体，l：液体，s：固体)

$$C_p = a + bT + cT^{-2} \, [\mathrm{J\,mol^{-1}K^{-1}}]$$

物質	a	$b \times 10^3$	$c \times 10^{-5}$	温度範囲 (K)
Ag(s)	21.30	8.54	1.51	298−1234
Ag(l)	30.5			1234−1600
Ag$_2$O(s)	59.33	40.79	−4.18	298−500
Al(s)	20.67	12.38		298−932
Al(l)	29.3			932−1273
AlN(s)	34.4	16.9	−8.37	298−1500
Al$_2$O$_3$	114.8	12.8	35.4	298−1700
Au(s)	23.68	5.19		298−1336
Au(l)	29.3			1336−1600
BN(s)	33.9	14.7	−23.1	298−1200
C(graphite)	17.15	4.27	−8.79	298−2300
C(diamond)	9.12	13.22	−6.19	298−1200
CO(g)	28.41	4.10	−0.46	298−2500
CO$_2$(g)	44.14	9.04	−8.54	298−2500
CH$_4$(g)	23.64	47.86	−1.92	298−1500
Ca(s, α)	22.22	13.93		273−713
Ca(s, β)	6.28	32.38	10.46	713−1123
Ca(l)	31.0			1123−1220
CaO	49.62	4.52	−6.95	298−1177
CaCO$_3$(α, β)	104.52	21.92	−25.94	298−1200
CaS(s)	45.2	7.74		298−2000
Cr(s)	24.43	9.87	−3.68	298−2176
Cr(l)	39.3			2167−3000
Cr$_2$O$_3$	119.37	9.20	−15.65	350−1800
Cu(s)	22.64	6.28		298−1356
Cu(l)	31.4			1356−1600
Cu$_2$O(s)	62.34	23.85		298−1200
CuO(s)	38.79	20.08		298−1250
Fe(s, α)	17.49	24.77		273−1033
Fe(s, β)	37.7			1033−1181
Fe(s, γ)	7.70	19.50		1181−1674
Fe(s, σ)	43.93			1674−1812
Fe(l)	41.8			1812−1873
Fe$_{0.947}$O(s)	48.79	8.37	−2.80	298−m.p.*
Fe$_{0.947}$O(l)	68.20			m.p.−1800

物質	a	$b \times 10^3$	$c \times 10^{-5}$	温度範囲 (K)
$Fe_3O_4(s, \alpha)$	91.55	201.67		298–950
$Fe_2O_3(s, \alpha)$	98.18	77.82	−14.85	298–950
$GaN(s)$	38	9.00		298–1773
$H_2(g)$	27.28	3.26	0.50	298–3000
$HCl(g)$	26.5	4.60	1.1	298–2000
$H_2O(l)$	75.44			273–373
$H_2O(g)$	30.0	10.71	0.33	298–2500
$Li(s)$	12.76	35.98		273–454
$Li(l)$	29.3			500–1000
$LiCl(s)$	46	14.2		298–m.p.
$Mg(s)$	22.30	10.25	−0.43	293–923
$Mg(l)$	33.9			923–1130
$MgO(s)$	42.59	7.28	−6.19	298–2100
$MgCl_2(s)$	79.08	5.86	−8.62	298–m.p.
$MgCO_3(s)$	77.91	57.78	−17.41	298–750
$N_2(g)$	27.87	4.27		298–2500
$Ni(s)$	22.52	−10.42		633–m.p.
$Ni(l)$	38.49			1728–1900
$NiO(s)$	54.02			523–1100
$O_2(g)$	30.0	4.18	1.7	298–3000
$P(s, white)$	19.1	15.8		298–317
$P(s, red)$	16.9	14.9		298–870
$P(l)$	26.3			317–870
$Pb(s)$	23.56	9.75		298–601
$Pb(l)$	32.43	−3.10		601–1200
$PbO(s, red)$	44.53	16.74		298–900
$SO_2(l)$	43.43	10.6	−5.94	298–1800
$Si(s)$	23.22	3.68	−3.81	298–1200
$Si(l)$	31.0			1683–1900
$SiO_2(\alpha\text{-quartz})$	46.94	34.31	−11.3	298–848
$SiO_2(\beta\text{-cristobalite})$	72.76	1.3	−41.4	523–1995
$SiO_2(l)$	86.2			−
$Si_3N_4(s)$	70.54	98.7		298–900

出典：データは参考図書[6]より抜粋。

付表3 種々の物質の標準生成エンタルピー変化と標準エントロピー

物　　質	$\Delta H^0_{298}(\text{kJ mol}^{-1})$	$S^0_{298}(\text{J mol}^{-1}\,\text{K}^{-1})$
Ag(s)	0	42.68
Ag$_2$O(s)	−30.5	122
Al(s)	0	28.3
AlN(s)	−318	20.2
Al$_2$O$_3$(s)	−1677	51.0
Au(s)	0	47.36
BN(s)	−252	14.8
C(graphite)	0	5.740
C(diamond)	1.83	2.37
CO(g)	−110.5	197.6
CO$_2$(g)	−393.5	213.7
CH$_4$(g)	74.85	186
Ca(s)	0	41.6
CaO(s)	−634.3	40
CaCO$_3$(s)	−1207.1	88.7
CaS(s)	−476.1	56.5
Cr(s)	0	23.6
Cr$_2$O$_3$(s)	−1130	81.2
Cu(s)	0	33.1
Cu$_2$O(s)	−167	93.09
CuO(s)	−155	42.7
Fe(s)	0	27.3
Fe$_{0.947}$O(s)	−264	58.79
Fe$_3$O$_4$(s)	−1117	151
Fe$_2$O$_3$(s)	−821.3	87.4
GaN(s)	−110	30
H$_2$(g)	0	130.6
HCl(g)	−91.312	186.79
H$_2$O(l)	−285.83	69.948
H$_2$O(g)	−241.81	188.72
Li(s)	0	29.1
LiCl(s)	−405	59.29
Mg(s)	0	32.7
MgO(s)	−601.2	26.9
MgCl$_2$(s)	−641.4	89.62
MgCO$_3$(s)	−1112	65.86

物　質	$\Delta H^0_{298}(\text{kJ mol}^{-1})$	$S^0_{298}(\text{J mol}^{-1}\,\text{K}^{-1})$
$N_2(g)$	0	191.5
$Ni(s)$	0	29.9
$NiO(s)$	-241	38
$O_2(g)$	0	205
$P(s, \text{white})$	0	41.1
$P(s, \text{red})$	-17.4	22.8
$Pb(s)$	0	65.06
$PbO(s, \text{red})$	-219.4	66.32
$SO_2(g)$	-296.8	248.1
$Si(s)$	0	19
$SiO_2(s)$	-910.4	41.5
Si_3N_4	-744.8	113
SiC	-67	16.5

出典：データは参考図書[6]より抜粋。

付表4　種々の反応の標準ギブス自由エネルギー変化

$$\Delta G^0 = A + BT \ln T + CT \,[\text{J mol}^{-1}]$$

反応式	A	B	C	温度範囲 (K)
$Al_2O_3(s) = 2Al(s) + \frac{3}{2}O_2(g)$	1677000	7.23	−366.7	298−923
$Al_2O_3(s) = 2Al(l) + \frac{3}{2}O_2(g)$	1697700	6.81	−385.8	923−1800
$2AlN(s) = 2Al(s) + N_2(g)$	644300		−186.2	298−923
$C(s) + 2H_2(g) = CH_4(g)$	−69120	22.26	−65.35	298−1200
$C(s) + \frac{1}{2}O_2(g) = CO(g)$	−111700		−87.65	298−2500
$C(s) + O_2(g) = CO_2(g)$	−394100		−0.84	298−2000
$2CO(g) + S_2(g) = 2COS(g)$	−191300		156.5	298−1500
$C(graphite) = C(diamond)$	1297		4.73	298−1500
$2CaO(s) = 2Ca(l) + O_2(g)$	1284900		−214.6	1124−1760
$2CaO(s) = 2Ca(g) + O_2(g)$	1590800		−390.2	1760−2500
$2CaS(s) = 2Ca(l) + S_2(g)$	1102700		−208.7	1124−1760
$2CaS(s) = 2Ca(g) + S_2(g)$	1408800		−382.6	1760−2500
$Ca(l) + 2C(s) = CaC_2(s)$	−57320		−28.45	1123−1963
$Ca(g) + 2C(s) = CaC_2(s)$	−214300		51.46	1963−2200
$2CaO(s) + SiO_2(s) = Ca_2SiO_4(s)$	−126400		−5.02	298−1700
$2CoO(s) = 2Co(s) + O_2(g)$	467800		−141.4	298−1400
$2Cr_2O_3(s) = 2Cr(s) + \frac{3}{2}O_2(g)$	1159800		−222.8	298−2100
$Cu_2O(s) = 2Cu(s) + \frac{1}{2}O_2(g)$	166500		−70.63	298−1356
$2CuO(s) = Cu_2O(s) + \frac{1}{2}O_2(g)$	146200	11.08	−185.4	298−1300
$FeCl_2(l) = Fe(s) + Cl_2(g)$	286400		−63.68	950−1300
$FeCl_2(g) = Fe(s) + Cl_2(g)$	105650	−41.79	375.1	1300−1812
$FeO(s) = Fe(s) + \frac{1}{2}O_2(g)$	264900		−65.35	298−1642
$FeO(l) = Fe(l) + \frac{1}{2}O_2(g)$	232700		−45.31	1808−2000
$Fe_3O_4(s) = 3FeO(s) + \frac{1}{2}O_2(g)$	312200		−125.1	298−1642
$3Fe_2O_3(s) = 2Fe_3O_4(s) + \frac{1}{2}O_2(g)$	249450		−140.7	298−1460
$Fe_3P(s) = 3Fe(s) + \frac{1}{2}P_2(g)$	213400		−47.28	298−1439
$H_2(g) + \frac{1}{2}O_2(g) = H_2O(g)$	−246440		54.81	298−2500
$\frac{1}{2}N_2(g) + \frac{3}{2}H_2(g) = NH_3(g)$	−50420		111.7	298−1000
$Li_2CO_3(l) = Li_2O(l) + CO_2(g)$	326100		−288.7	m.p.−1125
$MgO(s) = Mg(l) + \frac{1}{2}O_2(g)$	608100	0.436	−112.8	923−1380
$MgO(s) = Mg(g) + \frac{1}{2}O_2(g)$	759800	13.39	−316.7	1380−2500
$MgS(s) = Mg(l) + \frac{1}{2}S_2(g)$	425900		−107.3	923−1380
$MgS(s) = Mg(g) + \frac{1}{2}S_2(g)$	562120		−204.0	1380−2500
$MgCO_3(s) = MgO(s) + CO_2(g)$	117570		−169.9	298−1000

反応式	A	B	C	温度範囲 (K)
$MnO(s) = Mn(s) + \frac{1}{2}O_2(g)$	384700		−72.80	298−1500
$MnO(s) = Mn(l) + \frac{1}{2}O_2(g)$	399150		−82.42	1500−2050
$MnS(s) = Mn(l) + \frac{1}{2}S_2(g)$	288700		−78.91	1517−1803
$MnS(l) = Mn(l) + \frac{1}{2}S_2(g)$	262600		−64.43	1803−2000
$MoO_2(s) = Mo(s) + O_2(g)$	587900	8.36	−237.7	298−1300
$MoO_3(s) = MoO_2(s) + \frac{1}{2}O_2(g)$	161900		−81.59	298−1300
$Na_2S(s) = 2Na(l) + \frac{1}{2}S_2(g)$	440400		−131.6	371−1187
$NiO(s) = Ni(s) + \frac{1}{2}O_2(g)$	234300		−85.23	298−1725
$NiO(s) = Ni(l) + \frac{1}{2}O_2(g)$	262100		−108.7	1725−2200
$2PbO(s) = 2Pb(l) + O_2(g)$	449800		−220.1	600−760
$2PbO(l) = 2Pb(l) + O_2(g)$	446000		−215.1	760−1150
$S_2(g) + 2O_2(g) = 2SO_2(g)$	−724840		144.9	298−2000
$SiO_2(s) = Si(s) + O_2(g)$	902070		−173.6	700−1700
$SiO_2(s) = Si(l) + O_2(g)$	952700		−203.8	1700−2000
$Si_3N_4(s) = 3Si(s) + 2N_2(g)$	740600	10.46	−402.9	298−1686
$Si_3N_4(s) = 3Si(l) + 2N_2(g)$	874460		−405.0	1686−1973
$SiC(s) = Si(s) + C(s)$	58580	2.36	−23.77	298−1686
$SiC(s) = Si(l) + C(s)$	113400	4.96	−75.73	1686−2000
$TiCl_4(g) = Ti(s) + 2Cl_2(g)$	756050	3.27	−145.0	298−1700
$TiO(s) = Ti(s) + \frac{1}{2}O_2(g)$	511700		−89.12	600−2000
$Ti_2O_3(s) = 2TiO(s) + \frac{1}{2}O_2(g)$	477600		−79.71	298−2000
$2Ti_3O_5(s) = 3Ti_2O_3(s) + \frac{1}{2}O_2(g)$	370300		−82.42	700−2000
$3TiO_2(s) = Ti_3O_5(s) + \frac{1}{2}O_2(g)$	305400		−96.23	298−2123
$2TiN(s) = 2Ti(s) + N_2(g)$	676600		−190.5	1155−1500
$TiC(s) = Ti(s) + C(s)$	186600		−13.22	1155−2000
$UO_2(s) = U(s) + O_2(g)$	1079500		−167.4	298−1405
$UO_2(s) = U(l) + O_2(g)$	1128400	27.98	−405.8	1405−2000
$ZnO(s) = Zn(s) + \frac{1}{2}O_2(g)$	351900	12.54	−184.7	298−693
$ZnO(s) = Zn(g) + \frac{1}{2}O_2(g)$	482920	18.80	−344.7	1170−2000

出典：データは参考図書[6]より抜粋。

索　引

ア　行
エクセルギー　92
エリンガム図　59
エンタルピー　11, 85
エントロピー　12
エントロピー生成則　87
エントロピー増大則　87
オイラーの定理　98
オストワルド - フロイントリッヒの式　76
音速　10

カ　行
外界　81
開放系　81
界面　65
界面過剰濃度　66, 72
界面活性成分　73
化学ポテンシャル　13, 28, 30, 96
化学ポテンシャル状態図　59, 62
化学量論係数　45
可逆　86
核生成頻度　79
ガス定数　1
活量　30
活量係数　31
カラテオドリーの原理　86
カルノーサイクル　88
カルノーの原理　88
完全微分　83
希薄溶液　34
ギブス - デュエム積分　37
ギブス - デュエムの式　32, 98
ギブス自由エネルギー　68, 91
ギブスの吸着式　71
ギブスの区分界面　65
ギブスの式　67, 90, 94, 96
ギブスの相律　24
吸熱反応　46
凝固　15
共晶系　27
共晶点　27
曲率半径　70
キルヒホッフの法則　47
均質核生成　76
区分界面　72
クラウジウス - クラペイロンの式　16
クラウジウスの原理　86
クラウジウスの不等式　86
系　81
孤立系　81
混合のギブス自由エネルギー変化　31

サ　行
三重点　18
3成分系　27
酸素濃淡電池　57
ジーベルトの法則　34
示強性量　93
仕事　83
実在気体　3
自由エネルギー　90
自由度　17, 24, 64
主曲率　70
昇華　15
状態図　16, 26, 33
状態方程式　1, 83
状態量　83
蒸発　15

蒸発熱　15
示量性　98
示量性量　93
スピノーダル分解　43
生成エンタルピー変化　47
正則溶液　38
接触角　69
絶対温度目盛り　90
全圧　3
潜熱　15
相　13
相互作用母係数　41
相平衡　13
相変態　11, 13

タ　行

対応状態原理　20
体膨張率　4, 96
断熱圧縮　9
段熱膨張　9
超臨界流体　19
定圧比熱　6, 7, 11
定積比熱　6
デュエムの定理　23
テルミット法　60
等温圧縮率　4
統計力学的エントロピー　38
同次関数　98
トムソンの原理　86
トムソンの式　75

ナ　行

内部エネルギー　2, 83
2成分系　26
熱機関　88
熱の仕事当量　86
熱平衡状態　81
熱力学第0法則　82
熱力学第1法則　83

熱力学第2法則　86
熱力学第3法則　50
熱力学的安定性　42
ネルンストの式　59
ネルンストの熱定理　50

ハ　行

発熱反応　46
反応進行度　45
反応熱　46
比熱　6
非補償熱　87
標準エントロピー　50
標準状態　29, 30
表面張力　67
ビリアル展開　3
ファラデー定数　58
ファン・デア・ワールスの状態方程式　3
不可逆　86
フガシティー　29, 30
フガシティー係数　29
不均質核生成　76
沸点　14
部分モル量　99
分圧　2
平衡定数　54
閉鎖系　81
ヘスの法則　47
ヘルムホルツ自由エネルギー　68, 91
ヘンリーの法則　34

マ　行

マーギュレス展開　40
マイヤーの関係式　6
マックスウェルの関係式　96
マランゴニ対流　74
モル分率　2, 98

ヤ　行
ヤングの式　69
融解　15

ラ　行
ラウールの法則　34
ラプラスの式　71

理想気体　1
理想溶液　37
臨界核半径　78
臨界点　18
ル・シャトリエ-ブラウンの原理　52
ルジャンドル変換　93
レードリッヒ・コン方程式　3

著 者 略 歴

伊藤　公久（いとう・きみひさ）

1974年　松本深志高校卒業
1978年　東京大学工学部金属工学科卒業
1983年　東京大学大学院博士課程修了・工学博士
現　在　早稲田大学理工学部物質開発工学科教授

マテリアルサイエンスの基礎
熱　　力　　学

2000年 2 月25日第 1 版第 1 刷発行

著　者 ── 伊　藤　公　久
発行者 ── 大　野　俊　郎
印刷所 ── 壮　　光　　舎
製本所 ── 美　行　製　本
発行所 ── 八千代出版株式会社
　　　　　〒101-0061　東京都千代田区三崎町2-2-13
　　　　　TEL　　03-3262-0420
　　　　　FAX　　03-3237-0723
　　　　　振替　　00190-4-168060

＊定価はカバーに表示してあります。
＊落丁・乱丁本はお取替えいたします。

© K. Ito　2000　Printed in Japan
ISBN 4-8429-1128-X C3042